Ihre Projektmanagement-Tools zum Download

- **Abschlussbericht:** Gesamtbeurteilung des Projekts durch den Projektleiter
- **Änderungsantrag:** Beantragung von technischen und/oder kaufmännischen Änderungen
- **Arbeitspaketbeschreibung:** Fixierung der Eckdaten eines Arbeitspakets
- **DOW (Division of Work):** Darstellung des Projektumfangs bzw. der Liefer- und Leistungsanteile
- **Entscheidungsmatrix:** Beschreibung von Alternativen zwecks Entscheidungsfindung
- **Kick-off:** Agenda des ersten Projektteam-Meetings
- **Kostenplan:** Darstellung des Bedarfs an finanziellen Mitteln
- **Nutzenanalyse:** Darstellung des strategischen und finanziellen Nutzens eines Projekts
- **Nutzwertanalyse:** Vergleich von Lösungsalternativen
- **Projektauftrag:** Fixierung der Eckdaten eines Projekts
- **Projektstrukturplan (PSP):** Darstellung der Struktur eines Projekts
- **Projektteam-Meeting:** Agenda für regelmäßige Teambesprechungen
- **Risiken-Portfolio:** Bewertung von Risiken
- **Stakeholder-Portfolio und Stakeholder-Analyse:** Einstufung der Interessengruppen, Darstellung der Beziehungen zwischen Stakeholdern und Untersuchung der jeweiligen Bedürfnisse und Motive
- **Statusbericht:** Bericht über den aktuellen Stand von Teilprojekten und Arbeitspaketen
- **Zielkreuz:** Beschreibung der Ziele eines Projekts

W0171806

Bibliografische Information der Deutschen Nationalbibliothek
Die Deutsche Nationalbibliothek verzeichnet diese Publikation in der Deutschen National-
bibliografie; detaillierte bibliografische Daten sind im Internet über http://dnb.ddb.de
abrufbar.

ISBN 978-3-448-09350-6
Bestell-Nr. 00110-0001

© 2009, Rudolf Haufe Verlag, Freiburg i. Br.
Redaktionsanschrift: Postfach 13 63, 82142 Planegg/München
Hausanschrift: Fraunhoferstraße 5, 82152 Planegg/München
Telefon (089) 8 95 17-0, Telefax (089) 8 95 17-2 50
Produktmanagement: Steffen Kurth

Redaktion und DTP: Nicole Jähnichen und Sylvia Rein, München
Umschlaggestaltung: Kienle gestaltet, Stuttgart
Druck: Schätzl Druck, Donauwörth

Thorsten Reichert

Projektmanagement

Die häufigsten Fehler,
die wichtigsten Erfolgsfaktoren

Haufe Mediengruppe
Freiburg • Berlin • München

Inhalt

Einführung

Projektmanagement ist eine Führungs- und Organisationsmethode, um komplexe Aufgaben bereichs- und funktionsübergreifend erfolgreich zu bewältigen. Gut, aber was heißt das?

Das Wort Projekt leitet sich aus dem lateinischen Wort „projektum" ab und bedeutet „das nach vorne Geworfene". Wir sprechen also von Vorhaben, die in der Zukunft liegen. Die schlechte Nachricht ist dabei die Tatsache, dass wir zu Beginn dieses Vorhabens selten mehr als dessen Namen kennen. Die gute Nachricht ist aber, dass wir gleichzeitig über einen enormen Handlungsspielraum verfügen: Wir bauen nämlich gewissermaßen auf der grünen Wiese und haben allerlei Freiheiten, die wir nutzen sollten. Dabei besteht die Kunst darin, trotz des meist unzureichenden Wissens die richtigen Wege zu finden und sinnvolle Entscheidungen für das Projekt zu treffen.

Die Praxis zeigt, dass nicht wenige Projekte scheitern. Die Ursachen dafür liegen selten in fehlendem Fachwissen der Fachleute, sondern vor allem in handwerklichen Fehlern bei der Vorgehensweise, z. B. schwache Kommunikation, fehlende Planung, lückenhafte Risikobetrachtung, mangelnde Fortschrittsüberprüfung und nicht zuletzt auch mangelnde Führung.

Dieses Buch gibt Ihnen Sicherheit im Umgang mit Unsicherheit, um Sie im Dschungel der Unwägbarkeiten mit einem Kompass und einer Landkarte auszustatten, z. B. in Form strukturierter Vorgehensweisen und praktischer Projektmanagement-Methoden. Die fünf Kapitel spiegeln den chronologischen Projektverlauf wider. In den Kapiteln finden Sie typische Situationen aus dem Projektalltag, denen sich ein Projektleiter stellen muss. Jede Situation bildet ein eigenes Unterkapitel, in dem ich Ihnen mögliche Lösungswege, Techniken und Tools zeige. Vor allem gebe ich Ihnen Hinweise, wann welcher Weg Erfolg verspricht – damit Ihre Projekte und damit Sie nicht scheitern.

Ich wünsche Ihnen viel Erfolg bei der Bewältigung Ihrer Projekte!

Thorsten Reichert

1 Vor dem Start

Hinter Projekten stehen meist mächtige Auftraggeber, die ihre Vorstellungen ohne Einschränkung, sehr schnell und mit möglichst wenig Geld umsetzen möchten. Vor diesem Hintergrund kann eine gute Idee oder eine geniale Vision sehr schnell zu einem problematischen Projekt werden. Damit Ihnen das nicht passiert, sollten Sie Ideen und Visionen sorgsam zu einem Projekt entwickeln – vor Projektbeginn. Dabei stehen Sie häufig vor folgenden Herausforderungen:

- Wie schaffen Sie es, aus der Vision Ihres Auftraggebers ein Projekt mit klaren Zielen zu machen?
- Wie verhalten Sie sich gegenüber einem Auftraggeber, der alles, gestern und ohne Budget will?
- Was tun Sie, wenn Sie vor dem Start eines Projekts bereits Risiken erkennen, die den Projekterfolg gefährden können?

Hilfestellung bei der Suche nach Antworten erhalten Sie auf den folgenden Seiten.

Wie Sie aus Visionen und Ideen konkrete Ziele machen

 DAS SZENARIO

Für ein Organisationsprojekt wurde ich als Berater hinzugezogen. Zwei der drei Geschäftsführer des Unternehmens waren der Auffassung, dass man gegenüber den Wettbewerbern Optimierungspotenzial aufwies. Obwohl das Unternehmen für seine fachliche Kompetenz auf dem Markt bekannt war, tat es sich mit der Bearbeitung der Kundenaufträge oft schwer. Strukturen, Prozesse und Systeme entsprachen nicht mehr den Marktanforderungen. Dies wollten die Geschäftsführer ändern: Sie ernannten einen der Bereichsleiter zum Projektleiter und beauftragten ihn, das Unternehmen für die geplanten Unternehmensziele „intern fit zu machen". Dem Projektleiter war das Ziel des Auftrags überhaupt nicht klar. Sollte er eine Kundenbefragung starten? Ging es um eine neue Organisationsstruktur? Wie sollte er sich dieser Aufgabe stellen?

Wege zur Lösung

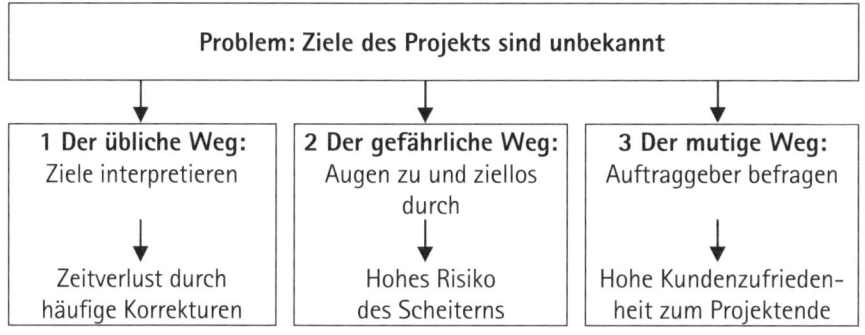

1 Der übliche Weg: Ziele interpretieren

Eine häufig von Ihnen als Projektleiter erwartete Variante bei unklaren Zielvorgaben ist die Flucht nach vorne. Sie müssen mit Ihrer Interpretation der Ziele starten: Sie zögern nicht lange, fragen nicht und stellen Ihre eigenen Überlegungen an – und zeigen damit, dass Sie Ihren Auftraggeber und seine Interessen ernst nehmen. Natürlich ist Ihnen dabei klar, dass Sie unverändert wenig über die Interessen Ihres Auftraggebers wissen. Eindeutige Ziele haben Sie nicht. Eigentlich können Sie mit dem Projekt deshalb noch nicht richtig loslegen, aber Sie können:

- sich in die Lage Ihres Auftraggebers versetzen und aus seiner Sicht die Ziele des Projekts konkretisieren,
- den Zweck dieses Projekts aus Ihrer Sicht definieren,
- das Umfeld des Projekts beleuchten und analysieren,
- Aufwand und Dauer grob abschätzen,
- Ihre Annahmen und Einschätzungen mit wenigen für das Projekt bedeutsamen Personen reflektieren und danach mit Ihrem Auftraggeber abstimmen.

Im Klartext machen Sie noch nicht das, was Ihr Auftraggeber von Ihnen erwartet, sondern Sie machen das, was Ihr Auftraggeber eigentlich vorher hätte machen sollen: *Sie* machen aus einer Idee ein Projekt.

Was könnte also der Bereichsleiter in unserem Szenario auf diesem Wege machen? Er betrachtet dieses Vorhaben aus der Perspektive der beiden Geschäftsführer und beschreibt, was er mit ihren Augen sieht: In einer SWOT-Analyse (siehe das gleichnamige Tool auf S. 41) stellt er die Stärken, Schwächen, Chancen und Risiken der aktuellen Unternehmenssituation dar. Eine Umfeldanalyse (siehe S. 42) gibt ihm Hinweise über die für das Projekt geltenden Rahmenbedingungen. In einem Zielkreuz (siehe S. 38) erarbeitet er den aus Sicht der Geschäftsführer maßgeblichen Zweck des Projekts. In der Praxis nehmen Sie also zuerst einen Teil des Projekts ins Visier: Sie klären diesen zunächst mit Hilfe der Tools, vereinbaren ihn, planen und setzen ihn um, Ihr Auftraggeber kommentiert ihn, Sie passen ihn an. Dann klären Sie einen weiteren Teil usw.

 **VORSICHT BOMBE!**

Sie müssen sich darüber im Klaren sein, dass Sie gerade das Projekt „entschleunigen", weil Sie Dinge klären, die eigentlich schon geklärt sein sollten. Normalerweise haben Auftraggeber, die unklare Projekte beauftragen, für diese Verlangsamung kein Verständnis.

So entschärfen Sie die Bombe
Informieren Sie Ihren Auftraggeber, dass Sie zuerst einen groben Plan machen werden. Das wird er begrüßen, auch zu seiner eigenen Orientierung.

 PRO

Karriere: Wenn es Ihnen gelingt, hinter dem Rücken Ihres Auftraggebers eine gute Auftragsklärung zu erwirken und diese dann mit ihm zu vereinbaren, haben Sie eine wichtige Voraussetzung für den Projekterfolg erfüllt. Und da dieser in direktem Zusammenhang mit Ihrem beruflichen Erfolg steht, haben Sie etwas für Ihre Karriere getan. Vielleicht wird Ihr Auftraggeber gar nicht merken, was Sie da gemacht haben. Deshalb wäre es die Krönung Ihres Vorgehens, wenn Sie es schaffen, dass er es doch merkt und darin Ihre Projektkompetenz erkennt.

 CONTRA

Karriere: Ihr Auftraggeber könnte Ihr Vorgehen auch als Vertrauensbruch oder gar als Verrat bewerten: „Was maßt der sich an, die Ziele seines Auftrags zu formulieren – ich habe doch klar und deutlich gesagt, was ich will." Diese Gefahr besteht vor allem bei dominanten Auftraggebern mit autoritärem Führungsstil. Dann stehen die Chancen für einen Projekterfolg und vor allem für Ihre Karriere schlecht.

Termin: Die Erfahrung zeigt, dass eine derartige Auftragsklärung selten als Ganzes erarbeitet werden kann, sondern im Sinne von Etappenzielen eher phasenweise vonstattengeht: Und selbst dann kann es sein, dass Ihr Auftraggeber plötzlich „alles ganz anders" gemeint hat und alles wieder von vorne los geht. Deshalb braucht eine solche Auftragsklärung Zeit. Da Sie immer etwas verdeckt agieren und parallel Aktivität und Fortschritt vorgaukeln müssen, zieht sich die Auftragsklärung in die Länge und kostet Ihre Energie und Aufmerksamkeit.

Qualität: Sie laufen Gefahr, die Ziele Ihres Auftraggebers falsch zu interpretieren – und am Ende ein Ergebnis zu bekommen, das Ihr Auftraggeber nicht will. Besonders schwierig wird es, wenn unterschiedliche Interessengruppen (Stakeholder) zu berücksichtigen sind und es dementsprechend widersprüchliche Zielrichtungen gibt. Diese Situation ist bei Projekten die Regel. Dann haben Sie ein massives Problem, weil Sie das kaum offen gegenüber Ihrem Auftraggeber ansprechen und mit ihm diskutieren können. Ohne Ihren Auftraggeber werden Sie den Konflikt in diesem Fall nicht lösen können.

Fazit: Wann dieser Weg Erfolg verspricht

Dieser Weg ist aufgrund der Nachteile, die überwiegen, eine Notlösung. Nur unter den folgenden Voraussetzungen erscheint dieser Weg beschreitbar:

- Sofern Ihr Auftraggeber kein Freund von Analysen und Vorplanungen ist, sondern eher eine „Ärmel-hoch"-Mentalität pflegt, bleibt Ihnen nur dieser Weg.

- Gleiches gilt in einer Unternehmenskultur, in der klare Zielvereinbarungen keinen Platz haben und es einfach nicht akzeptiert wird, wenn Projektleiter nach objektiven Zielen fragen.

2 Der gefährliche Weg: Augen zu und ziellos durch

Eine verlockende Variante bei unklaren Zielvorgaben ist eine Mischung aus Hilflosigkeit und Trotz: Augen zu und durch ohne klare Ziele. Einfach loslegen und machen. Sie spüren, dass Ihr Auftraggeber bei Rück- und Nachfragen schnell ungeduldig wird. Ihr Auftraggeber erwartet von Ihnen Taten und keine Worte. Für ihn ist das Ding klar und nun will er, dass Sie keine Zeit verlieren, sondern seine tolle Idee in die Welt tragen und zur Realität werden lassen. Er käme gar nicht auf den Gedanken, nun noch weitere Untersuchungen anzustellen, Vorstellungen zu klären oder Formulare auszufüllen – dafür ist ohnehin keine Zeit. Aus der Perspektive Ihrcs Auftraggebers gibt es keine Fragen, er hat zu diesem Zeitpunkt ein relativ klares Bild von dem, was er will. Das Dumme ist nur: Er ist der einzige und er merkt das nicht. Gut, sagen Sie sich, dann mache ich mal – der wird schon sehen. Schließlich kann Sie ja niemand dafür verantwortlich machen, dass Sie nicht das erreichen, was Ihnen am Anfang keiner genau erklären konnte oder wollte. Und außerdem werden Ziele ohnehin ständig geändert – warum die Ziele also aufwändig formulieren?

Auch wenn die Wege ähnlich wirken: Der Weg „Augen zu und durch" unterscheidet sich erheblich von dem vorigen Weg „Ziele interpretieren", der eine eigenständige Zielklärung verfolgt, die verdeckt betrieben und sukzessive abgestimmt wird. Der Weg „Augen zu und ziellos durch" nimmt die fehlenden oder unklaren Ziele einfach als gegeben hin und startet in einen Nebel hinein, nach dem Motto „Ohne Ziele muss ich mich nicht festlegen".

 VORSICHT BOMBE!

Dieser Weg ist selbst die Bombe. Wenn die Ziele nicht klar sind, sinkt die Wahrscheinlichkeit gegen Null, diese zu erreichen.

So entschärfen Sie die Bombe
Eine zumindest teilweise Entschärfung können Sie dadurch erwirken, indem Sie Ihr Vorgehen mit dem Auftraggeber abstimmen. Sie treffen sich regelmäßig mit ihm und schildern, wie Sie die nächste Phase des Projekts angehen wollen. Anhand der Reaktion können Sie erahnen, ob Ihr Vorgehen in die richtige Richtung geht oder nicht. Alternativ können Sie Ihrem Auftraggeber in regelmäßigen Treffen den Fortschritt berichten. Auf jeden Fall brauchen Sie einen sehr engen Kontakt zu Ihrem Auftraggeber, um eine zu große Fehlentwicklung des Projekts zu verhindern.

 CONTRA

Qualität: Dieser Weg klingt nicht nur hilflos, er ist es auch. Es ist der Weg des geringsten Widerstands. Sie setzen sich weder mit dem Auftraggeber hinsichtlich der Ziele auseinander, noch erarbeiten Sie selbst Ziele. Eines ist aber sicher: Diese Vogel-Strauß-Politik wird sich als Bumerang erweisen, der Ihnen spätestens zum Projektende an den Hinterkopf knallen wird. Selbst wenn Sie irgendwie ein klares Bild von den Zielen Ihres Auftraggebers erlangen können, sollten Sie bedenken: Erstens sind das nicht die Ziele, die er formuliert hat – er könnte sich also von Ihnen „bevormundet" fühlen und Ihnen widersprechen. Und zweitens könnte Ihr Auftraggeber jederzeit seine Ziele ändern. Sie können noch so engagiert und mit hellseherischen Fähigkeiten zu Werke gehen: Ihr Auftraggeber hat Sie in der Hand – er entscheidet nach seinen subjektiven und Ihnen unbekannten Maßstäben, ob das Projekt und somit Sie erfolgreich waren! Und Sie haben dann keine andere Wahl, als das zu akzeptieren.

Karriere: Der zu erwartende Misserfolg wird hauptsächlich Ihnen angelastet. Sie sagen, das ist unfair? Sie haben Recht, aber das nützt Ihnen leider nichts. Ganz ehrlich: Wie häufig haben Sie etwas erfolgreich beenden können, ohne sich vorher über den Zweck Ihres Vorhabens klar zu sein? Sie realisieren einen Auftrag, ohne zu wissen, was dabei herauskommen soll. Auch wenn Sie und Ihr Auftraggeber einer vielleicht zähen Auftragsklärung entgangen sind – Sie beide werden einen hohen Preis zahlen. Ihr Auftraggeber wird nicht das bekommen, was er haben will, und Sie werden dafür seinen Frust und Zorn zu spüren bekommen – inklusive Karriereknick.

Fazit: Wann dieser Weg Erfolg verspricht

Dieser Weg ist ein Weg der Extreme – Sie gehen ein hohes Risiko ein, mit dem Projekt und auch mit Ihrer Karriere zu scheitern. Es gibt nur eine Situation, in der dieser Weg sinnvoll ist: Nehmen wir an, Sie bewegen sich in einer Unternehmenskultur, die einen Forscher- und Abenteuergeist lebt. Hier sind auf vielen Organisationsebenen Fachleute angesiedelt, die von der Materie fasziniert sind und nur dafür arbeiten, waghalsige Ideen auszuprobieren. Und genau so einer ist nun Ihr Auftraggeber! Glauben Sie, der würde Ihnen Klarheit auf Ihrer Suche nach eindeutigen Zielen verschaffen können? Hier wird eher der Weg zum Ziel – Forschen und Entdecken als Zweck. Wenn Sie also erkennen, dass Ihr Auftraggeber so ist, dann dürfen Sie diesen Weg in Betracht ziehen. In allen anderen Situationen garantiere ich Ihnen, dass dieser Weg Ihr Projekt (und Sie) vor die Wand fahren wird.

3 Der mutige Weg: Auftraggeber befragen

Diese Variante entspricht dem gesunden Menschenverstand und stellt aber gleichzeitig die Betroffenen vor eine heikle Aufgabe. Auftraggeber bei unklaren Zielvorgaben befragen heißt nämlich: Sie löchern Ihren Auftraggeber mit Fragen nach seinen Zielen, die er mit diesem Vorhaben verfolgt. Sie fragen so lange nach, bis Ihr Auftraggeber mit Ihrer Hilfe konkret, objektiv messbar und lösungsneutral formulieren kann, was Sie für ihn erreichen sollen.

Natürlich ist das eine Herausforderung für Sie beide, die Sie nur unter folgenden Voraussetzungen meistern werden:

- Ihr Auftraggeber begegnet Ihnen auf Augenhöhe und sieht in Ihnen mehr, als nur einen Erfüllungsgehilfen.

- Ihr Auftraggeber erkennt, dass eine Idee nicht sofort ein Projekt ist und er mithelfen muss, eine Idee zu einem Projekt zu entwickeln.

- Sie können „gute" von „schlechten" Zielen unterscheiden und wissen, wie Ziele formuliert sein müssen – und können das auch vermitteln.

- Sie haben die neutrale Rolle und die Kompetenz eines Beraters, eines Sparringspartners, eines Geburtshelfers. Sie helfen Ihrem Auftraggeber, seine Ziele zu formulieren, zu denen er Sie dann verpflichtet.

Bei diesem Weg treten Sie beide aus Ihren eigentlichen Rollen heraus und beratschlagen gemeinsam, wie dieses Projekt nun konkret aussehen soll. Dabei müssen Sie als Projektleiter der Treiber sein, der notfalls die oben genannten Voraussetzungen erst erarbeiten muss.

Wie kann der Bereichsleiter diesen Weg in unserem Szenario gehen? Obwohl er als Bereichsleiter eine Ebene unter den Geschäftsführern steht, sieht er sich als Berater seiner beiden Vorgesetzten. Er lädt beide zu einem „Steering"-Workshop ein, um mit ihnen das Ziel anhand folgender Instrumente herauszuarbeiten:

In einer SWOT-Analyse (siehe das gleichnamige Tool auf S. 41) werden die Stärken, Schwächen, Chancen und Risiken der aktuellen Unternehmenssituation beschrieben. Ein Zielkreuz (siehe S. 38) dient als Orientierungshilfe, um den Zweck des Projekts herauszuarbeiten. Ein Stakeholder-Portfolio (siehe S. 38) zeigt den Einfluss und die Einstellung der relevanten Interessengruppen auf.

 VORSICHT BOMBE!

Eine große Gefahr dieses Wegs besteht darin, dass es Ihrem Auftraggeber irgendwann „zu bunt" wird, er seine Macht ganz unverblümt ausspielt und Ihnen befiehlt, endlich mit Volldampf loszulegen. Vielleicht will sich Ihr Auftraggeber auch nicht auf konkrete Ziele festlegen (lassen)!

So entschärfen Sie die Bombe
Sprechen Sie die für Sie beide besondere Situation offen an: Klären Sie Ihre Rollen als Projektleiter und als Auftraggeber, beschreiben Sie Ihre gegenseitigen Erwartungen und Ihre Vorstellungen, wie Sie Ihre Rollen wahrnehmen werden. Eines ist bei diesem Weg gewiss: Sie werden keine 100-prozentige Zieldefinition schaffen, sondern sich mit 80 bis 90 Prozent zufrieden geben und eine Restunschärfe akzeptieren müssen.

PRO

Qualität: Auf diesem Weg schlagen Sie mehrere Fliegen mit einer Klappe. Sie und Ihr Auftraggeber beschäftigen sich mit Ihren Rollen in diesem Projekt – und das sind andere Rollen, als es das Organigramm des Unternehmens zeigt. Das bringt Ihnen eine gemeinsame Arbeitsbasis, auf der Sie offen und direkt kommunizieren können. Und natürlich bringt der Weg Ihnen und dem Projekt eine gute Ausgangsbasis in Form geeigneter Projektziele: Sie und Ihr Auftraggeber haben ein gemeinsames Verständnis der Ziele und können diese gleichermaßen an Dritte vermitteln. Beides stärkt Ihr Selbstbewusstsein als Projektleiter.

CONTRA

Termin: Rollen und Ziele klären kostet Zeit. Sollte das Projekt bereits offiziell gestartet worden sein, können Sie sich nicht mehr mit grundsätzlichen Themen beschäftigen. Wenn der Schaffner pfeift, muss der Zug losfahren – über Weichenstellungen zu diskutieren wird dann mit Befremden wahrgenommen.

Karriere: Gerade zu Beginn eines Projekts zeigen vor allem konservative Auftraggeber eher wenig Bereitschaft, einem unbeschriebenen Blatt – und das sind Sie als Projektleiter zu diesem Zeitpunkt – einen Vertrauensvorschuss zu schenken. Es besteht die Gefahr, sich als Projektleiter mit einer Rollendiskussion gleich zu Beginn des Projekts die Zähne auszubeißen. Das wäre kein guter Start für Ihren Zugang zu Ihrem Auftraggeber und würde sicherlich auch von Dritten negativ wahrgenommen.

Fazit: Wann dieser Weg Erfolg verspricht

Dieser Weg ist die reine Projektmanagement-Lehre. Wann immer das Ziel eines Projekts zu Beginn nicht eindeutig beschrieben sein sollte – und das ist bei fast allen Projekten der Fall – sollte dieser Weg von Ihnen eingeschlagen werden. Außerdem müssen Sie bei der Zielfindung von Projekten immer unterschiedliche Interessengruppen berücksichtigen. Sie müssen in der neutralen Rolle eines Moderators auftreten und die Ziele aller Gruppen erfragen.

Auch wenn Sie noch jung und unerfahren sind und es Ihnen schwer fällt, die Rolle eines Beraters einzunehmen, sollten Sie dennoch diesen Weg versuchen und den Nutzen dieses Weges gegenüber Ihrem Auftraggeber darstellen.

Mein Weg: Ein Workshop mit Befragung – so bin ich vorgegangen

Als externer Berater konnte ich etwas ungezwungener agieren. Ich entschied mich für den mutigen Weg und verdeutlichte dem Projektleiter, dass dieses Projekt ein „Nebelprojekt" ist. Ich empfahl ihm deshalb eine bewusste Auftragsklärung mit den beiden Geschäftsführern. Wir organisierten einen Workshop, an dem die beiden Geschäftsführer, der Projektleiter und ich teilnahmen. Ziel des Workshops war es, die Schwächen des Unternehmens zu analysieren und mit dieser Erkenntnis die Projektziele zu definieren. In diesem Workshop führten wir gemeinsam eine SWOT-Analyse durch. Danach erarbeiteten wir gemeinsam ein Zielkreuz für das Projekt. In diesem Zielkreuz kam klar zum Ausdruck, was mit der Aufforderung „Das Unternehmen fit machen" gemeint war. Es wurden konkrete Durchlaufzeiten und Margenziele für die verschiedenen Produkte des Unternehmens definiert. Daraus konnten Prozessziele für die einzelnen Bereiche des Unternehmens abgeleitet werden, die wir anhand von Ziel-Checklisten (siehe S. 40) definierten und formulierten. Wie sich dabei herausstellte, ging es den Geschäftsführern genau darum.

Bei dem Workshop kam aber auch etwas anderes zum Vorschein: Das Vorhaben hatte zwei Auftraggeber. Beide Geschäftsführer hatten ein eigenes „Zielfoto" mit zum Teil widersprüchlichen Zielen. Der technische Geschäftsführer hatte primär die Qualität der Produkte im Fokus, der kaufmännische Geschäftsführer wollte die Kosten senken und zielte auf die Abläufe und Systeme des Unternehmens ab.

Auch der dritte Geschäftsführer, der bislang nicht involviert worden war, spielte natürlich eine Rolle: Man solle ihm „später" das dann laufende Projekt vorstellen, hieß es. In einem Stakeholder-Portfolio (siehe S. 38) kam heraus, dass der Geschäftsführer Vertrieb großen Einfluss auf den Erfolg des Projekts hatte, aber eine neutrale bis negative Einstellung dazu. Es bestand also Handlungsbedarf, er musste sofort mitsamt seinen Anforderungen in das Projekt integriert werden.

Wie es ausging? Es dauerte nach dem Workshop noch einige Zeit, bis sich alle drei Geschäftsführer auf gemeinsame Ziele einigen konnten. Aber durch den Workshop wurde ein guter Grundstein dafür gelegt und allen wurde klar, dass ein Ziel für den einen nicht automatisch ein Ziel für den anderen bedeutete, man aber ein gemeinsames Ziel brauchte. Die Anfangsphase des Projekts zog sich noch über viele Wochen hin, nach zwei Jahren konnte die erste Phase des Projekts positiv abgeschlossen werden.

KLARTEXT: WIE SIE AUS VISIONEN KONKRETE ZIELE MACHEN

1   Nehmen Sie sich bei der Zieldefinition die Zeit, Dinge richtig zu tun, damit Sie sie nicht mehrmals tun müssen.
2   Kein Auftraggeber serviert Ihnen alle Ziele in brauchbarer Form auf dem Silbertablett. Werden Sie aktiv. Sorgen Sie selbst für eine klare Zieldefinition. Das gilt auch, wenn für Ihren Auftraggeber alles klar sein sollte.
3   Erliegen Sie nicht dem Trugschluss, keine klaren Ziele zu brauchen.
4   Beschreiben Sie mit Ihrem Auftraggeber und mit den Stakeholdern das Zielfoto: Wie sieht das Endprodukt aus und wie messen Sie es?
5   Ihr Auftraggeber spielt nicht mit? Gehen Sie in Vorleistung: Beschreiben Sie die Ziele nach Ihrem Verständnis. Stimmen Sie sich sukzessive mit weiteren Beteiligten und mit Ihrem Auftraggeber ab.

Ihr Auftraggeber will alles, gestern und hat kein Budget

» DAS SZENARIO

Mein erstes IT-Projekt wurde initiiert, um eine neue Software einzuführen. Viele Abteilungen waren betroffen, und man war sich in dem Unternehmen lange uneins darüber, was konkret getan werden sollte, wer dafür zuständig sei und wer involviert werden sollte. Als der Leidensdruck zu groß wurde und die Zuständigkeiten endlich geklärt waren, passierte alles auf einmal: Das Projekt wurde von dem verantwortlichen Bereichsleiter initiiert und von der Geschäftsführung freigegeben. Da ich bereits Erfahrung mit ähnlichen Projekten hatte, wurde ich damit beauftragt, die Software schnellstens einzuführen. Allerdings standen mir weder Ressourcen noch Budget zur Verfügung. Wie sollte ich alleine mit diesem Projekt klar kommen? Keine Leute, kein Geld, unendlich viele Anforderungen und am besten sollte alles seit gestern fertig sein. Was tun?

Wege zur Lösung

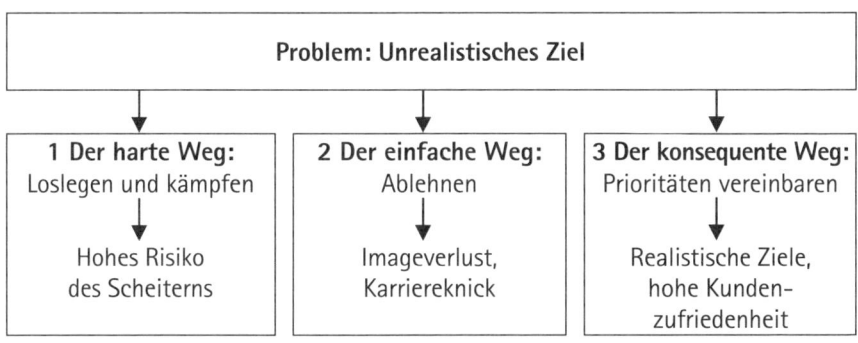

1 Der harte Weg: Loslegen und kämpfen

Wenn Ihnen unrealistische Ziele abverlangt werden – und das ist bei den Vorgaben „Bitte alles bis gestern und das ohne Budget" der Fall – können Sie die Flucht nach vorne antreten. Einfach loslegen, Ärmel hochkrempeln und alles Mögliche und auch Unmögliche tun, damit diese Ziele dennoch erreicht werden können. Kurz: Sie kämpfen. Das gelingt nur, wenn Sie

- sich über die gestellten Anforderungen im Klaren sind,
- sich auf das Wesentliche konzentrieren und alles Unwichtige über Bord werfen oder vertagen,
- einen verfügbaren Budgettopf anzapfen können,
- gute Beziehungen zu den Vorgesetzten der für Ihr Projekt benötigten Mitarbeiter haben und von ihnen Teammitglieder erhalten.

Im Grunde versuchen Sie damit die unrealistischen Ziele realisierbar zu machen. Wie kann man diesen Weg aber konkret gehen in Szenarios wie dem Ausgangsfall? Um sich einen Überblick über die Anforderungen der unterschiedlichen Stakeholder (siehe hierzu das Tool „Stakeholder-Analyse" auf S. 128) zu verschaffen, kann man ein Lastenheft (siehe S. 42) ausarbeiten – dies ist bei IT-Projekten durchaus üblich. Wenn aber für die so ermittelten Anforderungen „keine Zeit" und „kein Budget" vorhanden sind, muss man sich auf das Wesentliche konzentrieren – eine ABC-Analyse (siehe S. 42) trennt hier die Spreu vom Weizen. Wenn sie ergibt, dass auch die maßgeblichen Anforderungen nicht von einer Person realisiert werden können, muss eine Ressourcenplanung (siehe Tool „Ressourcenplan" auf S. 45) her – sie zeigt, wer wann in welcher Intensität benötigt wird.

VORSICHT BOMBE!

Dieser Weg klingt gewagt und ist es zum Teil auch: Jedes Projekt braucht Zeit, Budget und Mitarbeiter. Sie wissen nicht, wie viel Zeit oder Ressourcen Sie sich für welche Mindestanforderungen leisten dürfen. Ihr Auftraggeber könnte jederzeit dazwischen funken, weil „das alles zu lange dauert", „diese oder jene Anforderungen noch fehlen" oder „das Ganze viel zu viel kostet". Und selbst wenn er nicht dazwischen funkt, geht er davon aus, dass Sie bald und ohne Budget die Ziele erreichen – bis er merkt, dass genau das nicht passiert.

So entschärfen Sie die Bombe

Informieren Sie Ihren Auftraggeber, wie Sie vorgehen werden und zeigen Sie ihm die Zwischenergebnisse. Das bedeutet, dass Sie Ihrem Auftraggeber zu Beginn einen Terminplan vorlegen sollten, der die wesentlichen Schritte aufzeigt. Sollte es zu Verzögerungen oder Ressourcenengpässen kommen, sollten Sie direkt Ihren Auftraggeber ansprechen: „Wenn diese Anforderung für uns wichtig ist, dann benötigen wir diese Mitarbeiter in den nächsten zwei Wochen."

 PRO

Karriere: Wenn es Ihnen gelingt, den wesentlichen Teil der Anforderungen innerhalb eines akzeptablen Zeitrahmens zu realisieren, sind Sie der Star und klettern auf der Karriereleiter nach oben. Als freier Berater werden Sie im Erfolgsfall bei Ihrem Auftraggeber einen Stein im Brett haben.

 CONTRA

Termin: Den unrealistischen Termin werden Sie, wenn Sie nicht an der Qualität schrauben oder die Kosten erhöhen, nicht halten können.

Qualität: Vor allem bei IT-Projekten sind Auftraggeber (Management) und Kunde (Nutzer) selten identisch. Der Auftraggeber will Zeit und Geld sparen – der Kunde will maximale Qualität. Termin- und Kostenüberschreitungen fallen sehr früh auf – Qualitätsmängel erst spät. Bei unrealistischen Vorgaben wird die Qualität deshalb der größte Verlierer sein.

Kosten: Ohne Budget kein gutes Projekt. Kosten werden anfallen. Wenn das nicht sein darf, werden Sie Ihr Budget zwangsläufig überschreiten.

Karriere: Sie gehen ein hohes Risiko ein. Sollten Sie sich im Gewirr aus qualitativen, zeitlichen und finanziellen Anforderungen verheddern, wird man Sie für inkompetent halten.

Fazit: Wann dieser Weg Erfolg verspricht

Dieser Weg ist ein Weg der Extreme. Aufgrund der überwiegenden Nachteile ist er nur unter bestimmten Voraussetzungen zu empfehlen:

- Ihr Auftraggeber gibt sich trotz mehrfacher Hinweise kompromisslos und will sich keinesfalls auf einen Handel mit Ihnen einlassen.

- Sie befinden sich in einer Unternehmenskultur, in der ambitionierte Ziele zum Alltag des Geschäfts gehören – hier würde ein Einwand im frühen Stadium eines Projekts zu Irritationen und zu Kritik am Projektleiter führen. In einem solchen Umfeld ist es sicherer, erst einmal loszulegen und hart zu arbeiten, bevor Sie Zugeständnisse an den Termin oder das Budget fordern können.

2 Der einfache Weg: Ablehnen

Sie können Ihrem Auftraggeber oder Vorgesetzten sagen, dass Sie für ein Projekt unter diesen Voraussetzungen nicht zur Verfügung stehen – und darauf hoffen, dass Ihr Gegenüber einem realistischen Endtermin und einem realistischen Budget zustimmt. In diesem Falle stellen Sie gegenüber Ihrem Vorgesetzten und der Geschäftsführung mit Hilfe von Projektmanagement-Tools dar, welche Ressourcen und welche Dauer voraussichtlich für die Umsetzung der gewünschten Anforderungen benötigt werden (siehe die entsprechenden Tools ab S. 43). Sofern Sie dennoch keine Einsicht und Bereitschaft wahrnehmen, über Zeit und Budget zu verhandeln, übernehmen Sie das Projekt nicht.

PRO

Termin: Sie ersparen sich und Ihrem Unternehmen einen Zielkonflikt mit entsprechend zähen Verhandlungen über die zu erfüllenden Anforderungen.

Kosten: Dadurch sparen Sie das Geld, das nicht kalkuliert und genehmigt wurde und für das Sie sich dann später ohnehin nur rechtfertigen müssten.

 **CONTRA**

Termin: Kein Projekt wird grundlos ins Leben gerufen – das Projekt wird also mit Sicherheit gestartet. Ihr Verhalten verzögert nur den Projektstart.

Karriere: Wählt Ihr Auftraggeber einen anderen Projektleiter und schafft dieser es, die notwendigen Anforderungen zu einem akzeptablen Termin ohne ein großes Team und ohne viel Aufwand umzusetzen, stehen Sie im Regen. Falls man Sie für weitere Projekte überhaupt als Projektleiter in Erwägung zieht, werden Sie kein zweites Mal ablehnen können.

Fazit: Wann dieser Weg Erfolg verspricht

Bei unrealistischen Zielen bzw. Zielkonflikten abzusagen, klingt einfach, ist es aber nur scheinbar – die Nachteile dieses Weges überwiegen. Im Prinzip gibt es nur eine einzige Voraussetzung, unter der dieser Weg Erfolg verspricht: Wenn Sie in Ihrem Unternehmen oder gegenüber Ihrem Auftraggeber ein unangefochtenes Standing haben, z. B. weil Sie ein besonders erfahrener Projektleiter sind oder weil er Sie unbedingt Sie haben will, können Sie sich diesen Weg leisten. Aber nur einmal.

3 Der konsequente Weg: Prioritäten vereinbaren

Dieser Weg entspricht dem gesunden Menschenverstand und versucht, den ursächlichen Zielkonflikt direkt anzusprechen und zu lösen. Sie betonen die allseits bekannte Tatsache, dass jede Leistung ihren Preis hat und finden heraus, was Ihrem Auftraggeber wirklich wichtig ist: Anforderungen, Zeit oder Kosten? Es ist ganz normal, dass ein Auftraggeber „alles, gestern und ohne Kosten" haben will. Ihre Aufgabe bei diesem Weg liegt darin, frühzeitig klarzustellen, dass dies nicht möglich ist. Die hohe Kunst dabei ist es, die Prioritäten des Auftraggebers zu erkennen und die Ecken des Magischen Dreiecks (siehe das Tool auf S. 42) in einen für ihn akzeptablen und realistischen Zusammenhang zu bringen. Dafür bereiten Sie alle Informationen auf und beschreiben Alternativen – Ihr Auftraggeber entscheidet.

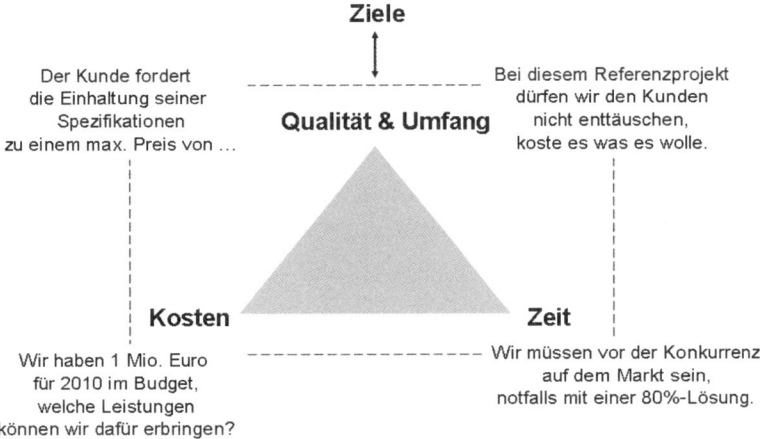

Ziele

Der Kunde fordert die Einhaltung seiner Spezifikationen zu einem max. Preis von …

Qualität & Umfang

Bei diesem Referenzprojekt dürfen wir den Kunden nicht enttäuschen, koste es was es wolle.

Kosten

Wir haben 1 Mio. Euro für 2010 im Budget, welche Leistungen können wir dafür erbringen?

Zeit

Wir müssen vor der Konkurrenz auf dem Markt sein, notfalls mit einer 80%-Lösung.

Abbildung: Das Magische Dreieck

Trotz seiner zunächst absoluten Aussage, dass alles wichtig ist, wird Ihr Auftraggeber die Faktoren Qualität, Umfang, Zeit und Kosten unterschiedlich bewerten. Wie können Sie diesen Weg als Projektleiter aber konkret gehen? Bereiten Sie verschiedene Varianten vor, die entweder Qualität, Umfang, Zeit oder Kosten den Vorrang einräumen und grundsätzlich so aussehen:

- Müssen alle Anforderungen vollständig in allen betroffenen Bereichen erfüllt werden, kostet es viel und dauert es lange.

- Müssen nur in wenigen Bereichen sehr schnell einige wenige Anforderungen umgesetzt werden, geht es schneller und kostet es weniger.

- Muss zu einem bestimmten Termin ein Projektergebnis in allen Bereichen vorliegen, können nur wenige Anforderungen umgesetzt werden.

- Stehen nur wenig Geld und kaum Mitarbeiter zur Verfügung, können nur wenige Anforderungen umgesetzt werden und es dauert länger.

Damit stellen Sie sehr plastisch dar, dass die Quadratur des Kreises nicht machbar ist und der Auftraggeber sich entscheiden muss. Natürlich sollten die Varianten inhaltlich belastbar und verständlich dargestellt sein. Auch hier sind Lastenheft (siehe das gleichnamige Tool auf S. 42), ABC-Analyse (siehe S. 42) und Termin-, Ressourcen- und Kostenplanung (siehe S. 43 ff.) gute Hilfsmittel.

VORSICHT BOMBE!

Ihr Auftraggeber kann sich unter Druck gesetzt fühlen und wird sich nur ungern für eine grundsätzliche Priorisierung entscheiden. Schließlich steckt er nicht in den Details und kennt die unterschiedlichen Positionen der Interessengruppen nicht. Sie laufen Gefahr, dass Ihr Auftraggeber sich überhaupt nicht oder für eine falsche Ecke im Magischen Dreieck entscheidet.

So entschärfen Sie die Bombe
Erarbeiten Sie ein Stakeholder-Portfolio (siehe S. 38) und tragen Sie die wesentlichen Interessengruppen ein. Welche Interessengruppe favorisiert Umfang, Qualität, Zeit oder Kosten? Das muss Ihr Auftraggeber für seine Entscheidung wissen.
Außerdem sind Managementvertreter immer an einer kompakten Darstellung unterschiedlicher Varianten einer Priorisierung interessiert.
Noch etwas Psychologie: Verwenden Sie in der Zusammenkunft mit Ihrem Auftraggeber nie das Wort „Entscheidung" – Sie sprechen lediglich die grundsätzliche Ausrichtung des Projekts durch, eine Entscheidung fällt ganz automatisch, wenn Sie die richtigen Fragen stellen.

 PRO

Qualität: Sie sensibilisieren Ihren Auftraggeber für den Zielkonflikt, der in dem Projekt steckt und beziehen ihn aktiv in den Entscheidungsprozess ein. Sie bilden ein gemeinsames Verständnis für die Erfordernisse des Projekts. So wird die richtige Dosis an Umfang und Qualität und der dafür benötigten Mittel (Mitarbeiter, Geld und Zeit) gefunden und vereinbart. Ihr Auftraggeber wird Sie im Projektverlauf nicht mit Fragen quälen wie „Warum läuft das noch nicht, wieso dauert das so lange, warum kostet das so viel?" und Sie wissen gegenüber den verschiedenen Interessengruppen Ihren Auftraggeber hinter sich.

 CONTRA

Karriere: Ein Auftraggeber der alles gestern ohne Budget haben will, ist nicht unbedingt empfänglich für Argumente. Er könnte es als belehrend und anmaßend empfinden, wenn Sie als Projektleiter seine Ziele ad absurdum führen. Oftmals ist auch Ihr Auftraggeber nur ein Getriebener, der den Zielkonflikt ohne eine Möglichkeit der Beeinflussung vorgesetzt bekommt. Es besteht also durchaus die Gefahr, sich als Projektleiter mit einem derartigen Einstieg den Mund zu verbrennen. Das wäre kein guter Start für Ihren Zugang zu Ihrem Auftraggeber.

Fazit: Wann dieser Weg Erfolg verspricht

Dieser Weg ist theoretisch logisch und richtig, aber in der Praxis schwierig begehbar. Kein Auftraggeber hört gerne, dass seine Zielvorstellungen unrealistisch sind. Sie sind der Wächter über die Ecken des Magischen Dreiecks. Es ist Ihre Pflicht, auf Zielkonflikte hinzuweisen und eine Priorisierung von Umfang, Qualität, Zeit oder Kosten zu erwirken. Das wird vor allem in einer analytischen, ingenieurwissenschaftlichen Umgebung von Ihnen erwartet. Natürlich müssen Sie diese Priorisierung intensiv vorbereiten. Falls Ihr Auftraggeber nicht zu der Entscheidung in der Lage oder bereit sein sollte, müssen Sie selbst anhand von Annahmen priorisieren und Ihren Auftraggeber entsprechend informieren.

Mein Weg: Strukturiert und mit A-Prioritäten – so bin ich vorgegangen

Mir war schnell klar, dass alle gewünschten Anforderungen ohne zusätzliche Mitarbeiter und ohne Budget nicht umzusetzen waren und es daher sehr bald für mich ungemütlich werden könnte – wenn ich keine Prioritäten setzte. Ich traf mich mit Vertretern der betroffenen Bereiche und nahm die jeweiligen Anforderungen auf. Dabei half mir ein Mitarbeiter der IT-Abteilung, der bereits ähnliche Projekte betreut hatte. Bei der Aufnahme der Anforderungen nahmen wir sofort eine Abschätzung der Nutzeneffekte pro Anforderung vor und prüften Abhängigkeiten mit anderen Anforderungen. Auf dieser Basis erstellten wir eine ABC-Analyse, um die Anforderungen mit dem größten Nutzen zu identifizieren.

Mit den A-Anforderungen formulierten wir ein Lastenheft und erstellten für dessen Umsetzung einen Termin- und einen dazugehörigen Ressourcenplan. Für die benötigten finanziellen Mittel erarbeiteten wir einen Kostenplan. Mit diesen Unterlagen ging ich zu meinen Bereichsleiter und bat um seine Zustimmung – zu den benötigten Mitarbeitern, einem Budget und sechs Monaten Zeit. Er war erleichtert, denn auch er war sich des Zielkonflikts bewusst gewesen.

Gemeinsam sprachen wir mit der Geschäftsführung. Die erste Reaktion war wenig freundlich, aber die Argumente lagen auf dem Tisch und konnten auch nicht widerlegt werden. Die Anforderungen fixierten und vereinbarten wir in einem schriftlichen Projektauftrag (siehe S. 41).

Wie es weiter ging? Wir bekamen fast alle erforderlichen Mitarbeiter und konnten die A-Anforderungen erfolgreich in der geplanten Zeit umsetzen. Drei Monate später machten wir ein Review (siehe S. 130) der eingeführten Software – dabei wurden die umgesetzten A-Anforderungen bestätigt und die schon vorher erkannten B-Anforderungen gewünscht.

 KLARTEXT: ALLES GESTERN UND OHNE BUDGET

1 Auftraggeber wollen immer alles gestern und ohne großen Aufwand – und wissen gleichzeitig, dass es eine Illusion ist. Akzeptieren Sie die Illusion als Realität, machen Sie sich mitschuldig und mitverantwortlich an einem erfolglosen Projekt.

2 Machen Sie es sich zur Aufgabe, Ihrem Auftraggeber die Illusion sanft zu nehmen und ihn mit realistischen Alternativen vertraut zu machen.

3 Machen Sie das Magische Dreieck zu Ihrem Denkmodell.

4 Ihr Auftraggeber will nicht priorisieren? Beschreiben *Sie* alternative Prioritäten, besprechen Sie diese mit den Stakeholdern, priorisieren Sie selbst und informieren Sie Ihren Auftraggeber.

Brandschutz oder Feuerwehr? Mit Risiken richtig umgehen

1

DAS SZENARIO **»**

Zu Beginn meiner Laufbahn war ich Mitglied eines Projektbüros und betreute Management- und Organisationsprojekte eines Konzerns. Eines dieser Projekte hatte das Ziel, die Produktionskosten einer Produktgruppe durch den Kauf eines Unternehmens in einem Niedriglohnland zu senken. Diese Produktionskosten waren aktuell nicht konkurrenzfähig, so dass dringender Handlungsbedarf bestand – die Geschäftsführung war wild zu einem Kauf entschlossen. Ein favorisiertes Unternehmen gab es bereits. Natürlich bestanden hohe Risiken: Die Marktentwicklung für die Produktgruppe war ebenso ungewiss wie die Rentabilität für den Konzern. Der von mir betreute Projektleiter stand massiv unter Druck. Von ihm wurden Taten erwartet und zwar schnell. Was sollte er in dieser Situation tun? Eine Firmenbewertung durchführen, den Kauf einleiten, weitere Unternehmen prüfen?

Wege zur Lösung

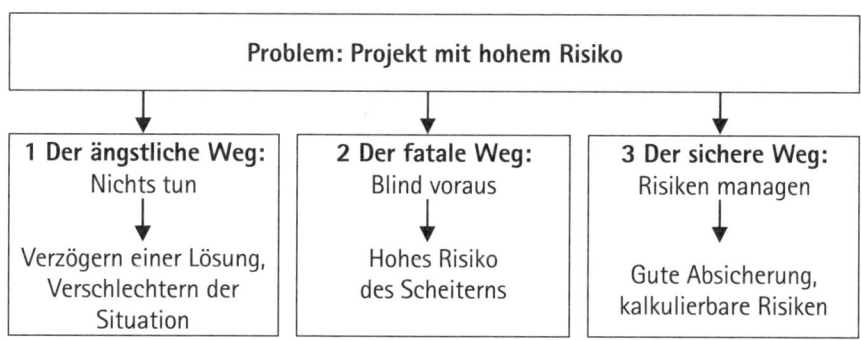

Problem: Projekt mit hohem Risiko		
1 Der ängstliche Weg: Nichts tun	2 Der fatale Weg: Blind voraus	3 Der sichere Weg: Risiken managen
Verzögern einer Lösung, Verschlechtern der Situation	Hohes Risiko des Scheiterns	Gute Absicherung, kalkulierbare Risiken

1 Der ängstliche Weg: Nichts tun

Eine allzu menschliche Variante im Umgang mit riskanten Alternativen ist es, erst einmal abzuwarten. Sie tun nichts und sitzen das Problem aus. Die Risiken sind für Sie zum jetzigen Zeitpunkt nicht überschaubar. Jeder Schritt könnte jetzt der falsche sein. In ein paar Tagen oder Wochen wissen Sie mehr und werden dann einen Vorschlag machen. Ihnen ist völlig klar, dass Sie damit noch keine Lösung haben. Aber Sie haben noch immer die Chance, eine geeignete Alternative zu finden und die richtige Richtung einzuschlagen. Hätten Sie bereits alles auf eine Karte gesetzt, wäre vielleicht alles schon verloren. Jetzt bloß keinen Fehler und deshalb am besten gar nichts machen!

Im Klartext versuchen Sie, Zeit zu gewinnen – vor allem gegenüber Ihrem Auftraggeber. Wie verhält man sich konkret, wenn man diesen Weg geht? Man macht ausführliche Analysen, Marktstudien, Befragungen, entwirft Szenarien. Natürlich ergeben diese Analysen weitere Gründe für eine Entschleunigung: Negativbeispiele, Risiken, offene Fragen. Vor diesem Hintergrund kann man mit den Erkenntnissen einer Stakeholder-Analyse die Treiber gegen die Skeptiker ausspielen. Es entsteht eine Pattsituation, in der nichts passiert. Im Ausgangsfall hätte die Devise für den Projektleiter geheißen: Abwarten und erst einmal nichts tun. Was wir der Geschäftsführung sagen? Wir listen ihr auf, was wir alles nicht wissen und wie lange der Kauf und die Integration eines Unternehmens statistisch gesehen dauern würde.

 VORSICHT BOMBE!

Sie verzögern und verschleiern. Ihr Auftraggeber wird das sehr wahrscheinlich merken und ungehalten reagieren. Er könnte an Ihrer Kompetenz oder Ihrer Leistungsbereitschaft zweifeln und Ihnen den Job entziehen.

So entschärfen Sie die Bombe
Ihre Rolle ist die des konstruktiven Bedenkenträgers. Sammeln Sie Analysen und Studien, die den Verlauf ähnlicher Situationen zeigen. Laden Sie Spezialisten zu dem Thema ein und machen Sie einen Workshop darüber, was alles zu berücksichtigen wäre. Wenn Sie schon keine Lösung haben, brauchen Sie wenigstens einen Plan, wie Sie zu einer Lösung kommen. Das wird Ihren Auftraggeber beruhigen.

Qualität: Sie haben eine ad-hoc Entscheidung verhindert. Das ist positiv, denn schnelle Entscheidungen sind selten langfristig sinnvoll. Nun haben Sie die Chance, eine bessere Entscheidung vorzubereiten.

Kosten: Wer nichts tut, muss auch (erst einmal) nichts bezahlen.

CONTRA

Termin: Eines ist sicher – das Einzige, was läuft, ist die Zeit, die Sie auf diesem Weg verlieren. Sie vertrauen darauf, dass sich die Rahmenbedingungen aufhellen oder dass eine Entscheidung vom Himmel fällt.

Karriere: Ihr Auftraggeber wird auf jeden Fall irritiert und wütend reagieren, wenn Sie jetzt die Bremse ziehen. Auch wenn Sie ihn überzeugen können, zunächst nichts zu tun – Sie stehen auf seiner Watch List ganz oben und werden sich später am weiteren Verlauf messen lassen müssen. Sie pokern hoch.

Fazit: Wann dieser Weg Erfolg verspricht

Dieser Weg ist tückisch und kann schnell in eine Vogel-Strauß-Politik münden. Nichts zu tun, wird auch nichts lösen. Wenn Sie diesen Weg gehen, müssen Sie sich sehr sicher sein, dass die Zeit für das Projekt arbeitet – z. B. durch positive Konjunkturerwartungen oder durch einen Personalwechsel an der Spitze. Oder es bestehen unveränderbare Zwänge und Rahmenbedingungen, die Sie sogar daran hindern, etwas zu tun – rechtliche Grundlagen, finanzielle Engpässe, fehlendes Personal. Auf jeden Fall darf „nichts tun" nur eine kurzfristige Option sein, die in Zyklen von Tagen oder Wochen neu geprüft und bewertet wird. Am besten legen Sie ein Gremium fest, das regelmäßig zu diesem Thema tagt. Ein Einzelner würde zu schnell einer „Es-wird-schon-gut-gehen"-Mentalität erliegen.

2 Der fatale Weg: Blind voraus

Eine nicht seltene Variante in unwägbaren Situationen ist der sofortige Angriff: Aufsatteln, Hurra schreien und blind voraus reiten. Sie wittern die Chance Ihres Lebens. Jetzt nicht lange fackeln und analysieren. Der Zeitpunkt ist wichtig und richtig. Wenn wir jetzt nicht losschlagen, kann es schon zu spät sein. Wenn das Ihre Gedanken oder die Ihres Auftraggebers sind, dann sind Sie hochgradig risikofreudig. Die Chancen eines Vorhabens erscheinen riesig groß und überdecken die paar Risiken um ein Vielfaches. Es besteht überhaupt kein Zweifel, dass das ein voller Erfolg wird und alle daran teilhaben wollen. Die bestehenden Risiken werden vernachlässigt, kleingeredet oder wegdiskutiert – keine Zeit für Nörgler und Bremser. Hier geht es nicht mehr um das „Ob" und „Wozu" – hier geht es nur noch um das „Wer ist schneller". Bei der Wahl dieses Wegs geht das Szenario so weiter: Ich setze den Projektleiter sofort in Zugzwang. Alle schauen auf uns und erwarten, dass wir die Bude kaufen. Dann kaufen wir sie eben – besser heute als morgen. Vielleicht noch einen kleinen Terminplan (siehe Tool „Terminplan" S. 43) oder pro forma eine Firmenbewertung erstellen. Wirklich wichtig sind aber nur eine schnelle Absichtserklärung und ein schneller Kauf. Papierkram nur, wenn unbedingt nötig.

 VORSICHT BOMBE!

Sie wollen schnell sein, sehr schnell. Passen Sie auf, dass Sie dabei an alles denken und keine handwerklichen Fehler machen.

So entschärfen Sie die Bombe
Für alles gibt es Standards und Spezialisten. Wenn die Würfel gefallen sind und das Vorhaben gestartet wird, sollten Sie sich fachliche Unterstützung holen. Sie führen, Fachleute führen aus – das ist der Deal. Arbeiten Sie mit Checklisten, Reviews und Zwischenabnahmen. Und bleiben Sie in engem Kontakt mit offiziellen Stellen und mit Ihrem Auftraggeber.

 PRO

Termin: Egal, wie sinnvoll das Ziel ist, Sie werden auf diesem Wege am schnellsten dort ankommen. Schneller geht es nicht.

Karriere: Das hat jeder Auftraggeber gern. Der Projektleiter legt die gleiche Überzeugung für das Projekt an Tag, wie er selbst. Sollte das Projekt nun noch ein Erfolg werden, sind Sie ab sofort der Lieblingsprojektleiter Ihres Auftraggebers.

Qualität: Sie bezahlen Ihr Tempo mit Einbußen auf der Qualitätsseite. Vielleicht gehen Sie ja den Weg richtig und machen keine handwerklichen Fehler. Aber gehen Sie den richtigen Weg? Das wissen Sie erst, wenn Sie angekommen sind – nur leider ist es dann zu spät. Sie setzen auf Geschwindigkeit und riskieren das Ziel.

Kosten: Sie haben die Kosten für eine Analyse und wahrscheinlich auch für eine Planung gespart – gut. Die Planung ist allerdings der Hebel für eine sinnvolle Umsetzung. Plankosten betragen im Durchschnitt 10 Prozent der Kosten des gesamten Vorhabens. Sie haben also 10 Prozent gespart, um 90 Prozent hemdsärmelig umzusetzen. Die Wahrscheinlichkeit einer massiven Budgetüberschreitung ist dementsprechend groß.

Karriere: Stellt man am Ende fest, dass es nicht das richtige Ziel und nicht der richtige Weg war, wird aus dem Lob für Ihre schnelle Entschlossenheit und Ihren Pragmatismus schnell harte Kritik. Ihr Auftraggeber wird Ihnen nun mangelnde analytische und planerische Fähigkeiten vorwerfen.

Fazit: Wann dieser Weg Erfolg verspricht

Dieser Weg ist für Spieler und Abenteurer. Alles kann gut gehen, es kann aber auch alles fehlschlagen. Sie gehen ein enormes Risiko ein. Sie sollten demnach wissen, wie sich ein Misslingen auf Ihre Zukunft und die Ihres Unternehmens auswirkt. Handelt es sich um Folgen, die Sie verschmerzen könnten, oder geht es um Ihre finanzielle Zukunft? Ist es eine Art Lehrprojekt oder steht Ihr Job auf dem Spiel? Ist es eine Spielerei der Geschäftsführung oder hängt hier das Wohl und Wehe Hunderter von Arbeitsplätzen ab? Je geringer die negativen Konsequenzen ausfallen, umso legitimer darf dieser Weg für Sie erscheinen.

Oft steht ein kollektives Verhalten Pate für diesen Weg: Die ganze Atmosphäre des Marktes, des Konzerns, der Gesellschaft oder der Abteilung ist positiv und aktiv. Wir sind in Aufbruchsstimmung. Auf zu neuen Ufern, wir suchen die Herausforderung, lasst uns die Chance ergreifen. In einer solchen Situation wird es für Sie schwer, den Finger zu erheben und nach Risiken zu fragen. Dennoch sollten Sie für sich klären, inwieweit Sie sich hinter einem vielleicht abstürzenden Megatrend verstecken wollen und dürfen. Die Wirklichkeit zeigt: Aus der Finanzkrise der Jahre 2008/2009 sind auch Gewinner hervorgegangen – so einer könnten Sie dann sein.

3 Der sichere Weg: Risiken managen

Diese Variante ist ein Mittelweg zwischen „nichts tun" und „blind voraus". Wir wollen das Vorhaben umsetzen, uns aber vorher bewusst mit den damit einhergehenden Risiken beschäftigen. Natürlich hat das mit Planung zu tun. Aber kann ich Risiken überhaupt planen? Ist ein Risiko nicht der Inbegriff des Unvorhersehbaren? Sicherlich, aber ich will mich doch deshalb nicht einfach dem Schicksal ergeben. Keiner kennt die Zukunft, aber ich kann Annahmen treffen, was eventuell passieren könnte. Für potenzielle Risiken heißt das:

■ Was könnte alles passieren, was mich am Erreichen meiner Ziele hindert?

■ Wie groß ist die Auswirkung (in Euro), die das Risiko bei Eintritt hätte?

■ Wie wahrscheinlich (in Prozent) ist es, dass ein Risiko eintritt?

■ Wie kann ich ein Risiko gänzlich ausschließen, umgehen oder an Dritte weiterreichen?

■ Was kann ich tun, um die Auswirkung und/oder die Eintrittswahrscheinlichkeit eines Risikos zu vermindern?

■ Was mache ich, wenn ein Risiko eintritt?

Risikomanagement ist, Risiken frühzeitig zu erkennen, einzustufen, auszuschließen oder zu reduzieren und für die Restrisiken Notfallpläne zu erstellen. Der Grundgedanke des Risikomanagement lautet: Ich investiere wenig Geld, um das Risiko, viel Geld zu verlieren, verkleinern oder ausschließen zu können – wie bei jeder Versicherung. So stellen Sie sich bewusst den Risiken, die Ihrem Projekt drohen.

Was bedeutet das für dieses Szenario? Mein Vorschlag an den Projektleiter ist, mit Hilfe eines Brainstormings (siehe S. 41) nach potenziellen Risiken zu suchen. Was kann alles schief gehen, wenn wir das Unternehmen kaufen? Diese Frage beantworten wir zunächst alleine – später befragen wir auch andere Personen: interne Erfahrungsträger, externe Spezialisten und Berater. Vielleicht existieren für derartige Vorhaben bereits Risiko-Checklisten (siehe

S. 48), die wir nun nutzen können. Die erkannten Risiken ordnen wir bezüglich ihrer Auswirkung und ihrer Eintrittswahrscheinlichkeit in einem Risiken-Portfolio (siehe S. 46) ein. Dann nehmen wir uns die relevanten Risiken vor: Können wir Risiken ausschließen? Wie können wir Risiken reduzieren? Wie gehen wir mit dem Restrisiko um? Auf Basis dieser Erkenntnisse entwerfen wir einen Handlungsvorschlag an die Geschäftsführung, z. B. mittels einer Entscheidungsmatrix (siehe S. 48).

VORSICHT BOMBE!

Ihr Auftraggeber ist von seiner Idee durch und durch überzeugt. Da kommen Sie als Spielverderber daher, der alles madig redet. Die Gefahr liegt auf der Hand: Ihr Auftraggeber fühlt sich brüskiert.

So entschärfen Sie die Bombe

Wenn Sie davon ausgehen müssen, dass Ihr Auftraggeber keine neutrale Sicht auf die Dinge hat, sollten Sie neben der Risikobetrachtung auch eine Chancenbetrachtung durchführen. Machen Sie zusätzlich ein Brainstorming für die Chancen und erstellen Sie ein Chancen-Portfolio (siehe analog das Risiken-Portfolio-Tool auf S. 46). So entgehen Sie dem Schicksal, als Schwarzseher abgestempelt zu werden und ungehört zu bleiben.

PRO

Qualität: Dieser Weg lässt Sie dem Erreichen Ihrer Ziele erheblich näher rücken. Sie kennen die Risiken, Sie wissen, was auf Sie zukommt und Sie versuchen pro-aktiv, diese Risiken zu reduzieren. Sie wissen genau, worauf Sie sich einlassen und können diese kalkulierten Risiken bewusst eingehen.

Kosten: Günstiger als ein mit Großaufgebot gelöschter Brand ist allemal die Verhinderung eines Brands durch ein paar Vorsichtsmaßnahmen.

CONTRA

Termin: Planung kostet Zeit – das gilt auch für die Risikoplanung. So führt auch diese Planung zuerst einmal zu einer Verzögerung des Projekts.

Kosten: Auch wenn eine Versicherung gegen Brände sinnvoll ist – Sie ärgern sich dennoch jedes Jahr über die Versicherungsprämie. Ihrem Auftraggeber geht es bei Ihren Maßnahmen zur Risikovermeidung und -minderung nicht anders.

Fazit: Wann dieser Weg Erfolg verspricht

Hier gehen Sie auf Nummer sicher. Wann immer es also für Sie, für Ihren Auftraggeber oder für Ihr Unternehmen um etwas Entscheidendes geht, sollte dies Ihr Weg sein. Je neutraler und für sachliche Argumente zugänglicher Ihr Auftraggeber ist, desto eher wird er diesen Weg akzeptieren oder gar fordern. Das gilt insbesondere für Projekte, die für Sie und Ihr Unternehmen absolutes Neuland sind: Gerade hier ist das Terrain voller Fallstricke. Als externer Berater sollte dieser Weg zu Ihrem Standardrepertoire gehören.

Mein Weg: Risiken planen – so bin ich vorgegangen

Als Berater stand ich natürlich weniger in der Schusslinie als der Projektleiter. Diesen Freiraum wollte ich nutzen: Ich empfahl dem Projektleiter, die Risiken eines Unternehmenskaufs näher zu untersuchen. Wir wollten wissen, was dabei alles daneben gehen könnte: Wir sprachen mit Kollegen, die bereits in ähnliche Projekte involviert waren. Wir trafen uns auch mit Vertretern einer Beratungsgesellschaft, deren Kernkompetenz die Begleitung von Firmenakquisitionen war. Und wir forschten nach Checklisten und Erfahrungsberichten aus ähnlichen Projekten. Mit all diesen Informationen führten wir einen „pre-mortem"-Workshop durch, zu dem wir interne und externe Spezialisten einluden. Das Motto dieses Workshops lautete: Das Projekt ist gescheitert – was waren die Ursachen? Wir füllten gemeinsam ein Risiken-Portfolio und formulierten Maßnahmen zur Verminderung der maßgeblichen Risiken. Wir kalkulierten die Maßnahmen und bildeten einen Risikopool für die Restrisiken. Die Variante „Unternehmenskauf" lag beschrieben vor uns. Das Bild, was dabei entstand, sah nicht rosig aus: Die Maßnahmen waren teuer, die Risiken dennoch kaum kontrollierbar und die Notfallpläne unsicher. Wir entschieden uns deshalb, das gleiche für zwei alternative Vorgehensweisen durchzuführen und in einem Scenario Writing (siehe S. 48) zu beschreiben: Die Zukunft der Produktgruppe ohne einen Firmenkauf und den Verkauf der Produktgruppe. Natürlich beschafften wir uns Marktstudien für die Produktgruppe. Jetzt hatten wir ausreichend Material. Wir trafen uns mit der Geschäftsführung und stellten unsere Erkenntnisse vor. In diesem Meeting wurde eine aus unserer Sicht sinnvolle Entscheidung getroffen. Es ging grundsätzlich um die Zukunft der Produktgruppe. Einige Monate später wurde die Produktgruppe verkauft.

KLARTEXT: MIT RISIKEN RICHTIG UMGEHEN

1 Jedes Projekt birgt Risiken, die das Projekt behindern oder gefährden. Also keine Panik – aber auch keine falsche Gutgläubigkeit.

2 Seien Sie kreativ beim Aufspüren von Risiken. Verwenden Sie Kreativitätstechniken in einer Gruppe aus Realisten und Pessimisten.

3 Seien Sie schnell: Je früher Sie potenzielle Risiken analysieren, umso größer ist Ihr Freiraum, diese Risiken zu vermeiden oder ganz auszuschließen.

4 Risiko ist nicht gleich Risiko. Wie wahrscheinlich tritt ein Risiko ein und wie weh tut es? Reduzieren Sie beides durch Maßnahmen im Vorfeld.

5 Ist das Projekt zu riskant? Dann sollten Sie es abbrechen.

Diese Tools brauchen Sie

NÜTZLICHE TOOLS

Tool	Beschreibung, Stärken/Schwächen	Aufwand Nutzen
Zielkreuz	Methode zum Beschreiben und Abgleichen der Ziele. Kompakte und strukturierte Arbeitsunterlage. Weniger geeignet für Präsentationen. Sollte manuell auf einem Flip-Chart erarbeitet werden.	•• ★★★★★
Stakeholder-Port-folio	Methode zum Einstufen der Interessengruppen. Kompakte, strukturierte Arbeitsunterlage. Kann bei steigender Anzahl der Stakeholder unübersichtlich werden. Sollte manuell auf einem Flip-Chart erarbeitet werden.	•• ★★★★★

Tool	Beschreibung, Stärken/Schwächen	Aufwand Nutzen
Projekt-arten	Modell für das Erkennen von Projektarten. Einfach und hilfreich.	• ****
Ziele-Checkliste	Fragenkatalog für die Zieldefinition. Guter Leitfaden bei der Definition von Zielen.	• ****
Projekt-auftrag ⬇	Formblatt für das Fixieren und Vereinbaren der Eckdaten eines Projekts. Gut strukturierte Standardvorlage. Besonderheiten des Projekts müssen ergänzt werden. Textverarbeitungssoftware erforderlich.	•• ****
Brainstor-ming	Kreativitätstechnik. Einfach und akzeptiert in der An-wendung. Ergebnisse können umfangreich und schwer zu handhaben sein. Bedarf geeigneter Moderationsausstat-tung (Flip-Chart, Pinnwände, Metaplankarten etc.).	• ****
SWOT-Analyse	Methode zur Analyse der Ausgangssituation bezüglich Stärken, Schwächen, Chancen und Risiken. Kompakte und strukturierte Arbeitsunterlage. Kann mit wachsenden Inhalten unübersichtlich werden. Sollte manuell auf einer Pinnwand erarbeitet werden.	••• ****
Umfeld-analyse	Methode zur Analyse der Rahmenbedingungen. Einfach in der Handhabung. Kein Standardformat verfügbar.	•• ****
Magisches Dreieck	Modell zur Darstellung der sich widersprechenden Aspek-te „Qualität, Umfang, Kosten, Zeit". Kompakte Darstel-lung. Für ein Projekt sollten die Eckpunkte auf einem Flip-Chart konkret beschrieben werden.	• *****
Lastenheft	Format zur Beschreibung von Anforderungen. Gut struk-turiertes und akzeptiertes Vorgehen. In der Regel sind Standardvorlagen in Unternehmen verfügbar. Hoher Aufwand; mit steigendem Inhalt mangelnde Übersicht-lichkeit. Textverarbeitungssoftware notwendig.	••• *****

Tool	Beschreibung, Stärken/Schwächen	Aufwand Nutzen
ABC-Analyse	Methode zur Klassifizierung und Gruppierung zahlreicher Elemente. Gut strukturiertes Vorgehen. Kompakte Darstellung. Tabellenkalkulationssoftware erforderlich.	●● ★★★★★
Terminplan	Format zur Darstellung zeitlicher Abläufe. Kompakte und strukturierte Darstellung. Kann mit steigender Anzahl von Aktivitäten aufwändig und unübersichtlich werden. Benötigt Softwareunterstützung: MS Project, Primavera, Artemis oder entsprechende Freeware.	●● ★★★★
Ressourcen-plan	Format zur Darstellung des Ressourcenbedarfs. Kompakte und strukturierte Darstellung. Hoher Aufwand, sofern nicht automatisch mit Terminplanung ausgeführt. wird. Benötigt Softwareunterstützung: MS Project, Primavera, Artemis oder Freeware, alternativ in Tabellenkalkulation.	●●● ★★★★
Kostenplan ⬇	Format zur Darstellung des Bedarfs an finanziellen Mitteln. Kompakte und übersichtliche Darstellung in Kurven. Tabellenkalkulationssoftware erforderlich.	●● ★★★★
Risiken-Portfolio ⬇	Methode zum Bewerten von Risiken. Einfach und kompakt. Gute Arbeitsunterlage. Kann mit steigender Anzahl an Risiken unübersichtlich werden. Sollte als Brainstorming an einem Flip-Chart durchgeführt werden.	●● ★★★★★
Risiko-Checklisten	Fragenkatalog für das Aufspüren von Risiken. Einfach und hilfreich.	● ★★★★
Scenario Writing	Methode zum Entwerfen unterschiedlicher Szenarien. Sensibilisiert für mögliche Entwicklungen. Keine Standardvorlagen. Kann umfangreich werden.	●●● ★★★★
Entschei-dungsmatrix ⬇	Format zum Beschreiben von Alternativen zwecks Entscheidungsfindung.	●● ★★★★★

Die mit dem Icon ⬇ gekennzeichneten Tools können Sie im Internet unter www.projektmagazin.de/klartext abrufen.

Die besten Tools – wie Sie funktionieren

Zielkreuz ⊙

In einem Zielkreuz werden die Interessengruppen (Stakeholder), der Zweck, die messbaren Erfolgskriterien und das gewünschte Endprodukt eines Projekts beschrieben und miteinander abgeglichen. Es ist dabei keine Reihenfolge zu beachten. Wichtig ist nur, dass alle vier Quadranten auf Vollständigkeit und Konsistenz geprüft werden. Das Tool Zielkreuz ist angelehnt an das Tool Zielscheibe© der Coverdale GmbH (www.coverdale.de).

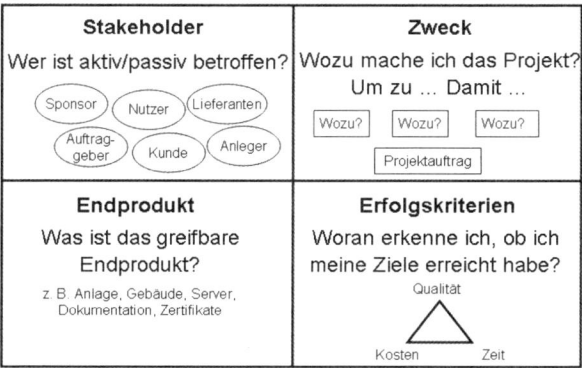

Abbildung: Zielkreuz

Stakeholder-Portfolio ⊙

„To have a stake in something" heißt, an etwas beteiligt zu sein. Ein Stakeholder ist also an Ihrem Projekt beteiligt, ob Sie wollen oder nicht. Stakeholder können ganze Interessengruppen sein. In einem Stakeholder-Portfolio werden diese hinsichtlich ihres Einflusses auf das Projekt und ihrer Einstellung zum Projekt eingestuft. Bei Stakeholdern sollte es sich um homogene Parteien handeln: Firmen, Abteilungen, Personengruppen oder Einzelpersonen. Stakeholder mit hohem Einfluss und positiver Einstellung sind potenzielle Auftraggeber. Stakeholder mit hohem Einfluss und negativer Einstellung sind potenzielle Projektkiller. Sie müssen durch besondere Maßnahmen, z. B. durch Anpassung der Ziele integriert werden. Alternativ kann deren Einfluss durch eine Eingrenzung des Projekts reduziert werden.

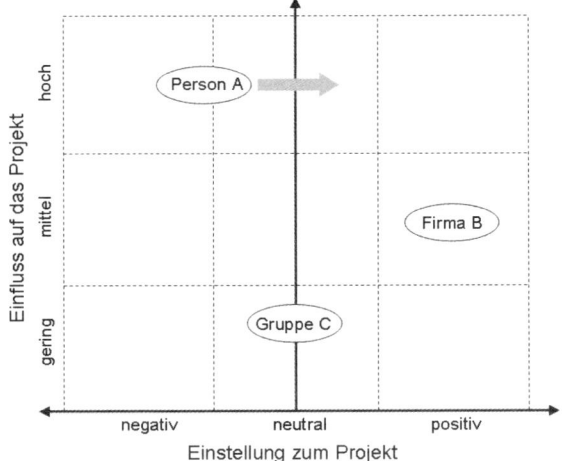

Abbildung: Stakeholder-Portfolio

Projektarten

Für jedes Projekt müssen das Endprodukt und der Prozess der Produkterstellung beschrieben werden. Die Ausgangssituation ist je nach Projektart unterschiedlich. Anhand der Einschätzung, wie gut das Endprodukt und der Prozess bereits beschrieben sind, erkennt man die Projektart und erhält wichtige Hinweise dafür, wie viel Aufwand für die Ziel- und Prozessklärung nötig ist.

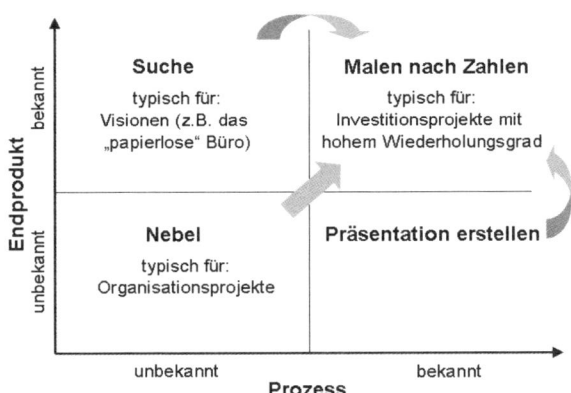

Abbildung: Einschätzung von Projektarten

Ziele-Checkliste

Mit der Ziele-Checkliste können Sie herausfinden, ob Ihre Ziele bestimmte Qualitätskriterien erfüllen:

- Die wesentlichen Ziele beziehen sich auf ein Ergebnis (welches Erzeugnis wird nach dem Projekt übergeben?) oder auf die Nutzung eines Ergebnisses (was kann ich mit dem Ergebnis anfangen?).

- Bei der Zieldefinition sollte eine Unterscheidung zwischen Bedarf (was der Kunde braucht) und Wunsch (was der Auftraggeber und/oder Kunde bewusst oder unbewusst möchte) getroffen werden. Sofern hier auch nach einer intensiven Klärung keine Kongruenz besteht, sollten sich die Ziele im Sinne der Kundenzufriedenheit auf den Wunsch konzentrieren.

- Projektziele sollten funktional bzw. lösungsneutral definiert werden und nur den Zielzustand beschreiben. Bereits bekannte Lieblingslösungen verhindern das Finden optimaler Lösungsansätze und sind deshalb nicht Gegenstand der Zieldefinition.

- Projektziele sollten verständlich, knapp und positiv formuliert sein.

- Projektziele dürfen sich nicht widersprechen.

- Gute Projektziele sind SMART: **s**pezifisch (konkret), **m**essbar, **a**nspruchsvoll, **r**ealistisch und **t**erminiert.

- Ziele können als Minimalwert oder als Zielkorridor quantifiziert werden (Angabe eines Minimal- und eines Maximalwertes mit einer zulässigen Toleranz dazwischen).

- Zusätzlich können Ausschlüsse definiert werden (Was soll nicht erreicht werden? Was ist nicht Gegenstand des Projekts?).

- Sofern das Projekt auf das Lösen eines Problems abzielt, sollten die definierten Projektziele einem Validitätstest unterzogen werden: Löst das Projekt (durch das Erreichen der Ziele) das vorhandene Problem?

- Sofern die Projektziele eine Verhaltensänderung beinhalten (z. B. eine Anwendungsquote für bestimmte Software), ist Vorsicht geboten. Ziele dieser Art sind nachvollziehbar, aber mit einem hohen, weil durch den Projektleiter nicht beherrschbaren Risiko behaftet. Garantieren Sie also nur funktionsfähige und anwenderorientierte Produkte, aber nicht deren tatsächliche Anwendung. Verhaltensthemen dieser Art sollten im Rahmen einer anschließenden Prozessbegleitung angegangen werden.

- Die Abfrage „Das Projektziel XY wird erreicht, wenn…" führt zu den dafür erforderlichen Erfolgskriterien der jeweiligen Projektziele.

Projektauftrag ⏺

In einem Projektauftrag werden die formellen und inhaltlichen Eckdaten des Projekts festgehalten: Kennwort, Auftraggeber, Projektleiter, Start und Ende, Budget, Ziele, Randbedingungen, Ausschlüsse etc. Auftraggeber und Projektleiter schließen per Unterschrift eine verbindliche Vereinbarung.

Brainstorming

In einer Teamsitzung rufen die Teilnehmer dem Moderator ihre Ideen zu einem gemeinsam definierten Thema zu, der diese wortgetreu visualisiert. Einwürfe werden zunächst nicht kritisiert – es gilt Quantität vor Qualität.

SWOT-Analyse

Darstellung der Stärken (Strenghts), Schwächen (Weaknesses), Chancen (Opportunities) und Risiken (Threats) eines Themas oder Unternehmens in einem Koordinatensystem mit vier Quadranten.

SWOT-		Interne Analyse	
Analyse		Strengths	Weaknesses
externe Analyse	Opportunities	Strategische Zielsetzung für S-O: Verfolgen von neuen Chancen, die gut zu den Stärken des Unternehmens passen.	Strategische Zielsetzung für W-O: Schwächen eliminieren, um neue Möglichkeiten zu nutzen.
	Threats	Strategische Zielsetzung für S-T: Stärken nutzen, um Bedrohungen abzuwenden.	Strategische Zielsetzung für W-T: Verteidigungsstrategien entwickeln, um vorhandene Schwächen nicht zum Ziel von Bedrohungen werden zu lassen.

Übersicht: SWOT-Analyse

Umfeldanalyse

In einer Umfeldanalyse werden alle Rahmenbedingungen des Projekts untersucht und beschrieben: Welche Gesetze, Normen und Vorschriften sind zu beachten, gibt es für das Projekt relevante gesellschaftspolitische oder wirtschaftliche Trends, sind kulturelle Unterschiede von Bedeutung, gibt es technologische Restriktionen oder Neuerungen, sind Währungsentwicklungen von Belang, gibt es Kooperationsverpflichtungen?

Magisches Dreieck

Das Magische Dreieck beschreibt die Gegensätzlichkeit der Faktoren Umfang, Qualität, Zeit und Kosten (siehe auch die Grafik zum Magischen Dreieck auf S. 23). Die einzelnen Faktoren können nur unter Berücksichtigung aller Faktoren gestaltet werden.

Lastenheft

Das Lastenheft ist ein schriftliches Dokument, das die Wünsche und Anforderungen des Auftraggebers an die Lieferungen und Leistungen des Auftragnehmers beinhaltet (nach DIN 69905). Beispiel für ein Inhaltsverzeichnis zu einem Lastenheft:

- Zielbestimmungen
- Produkteinsatz
- Produktfunktionen (aus Sicht Benutzer und Administrator)
- Produktdaten
- Produktleistungen
- Qualitätsanforderungen
- Realisierung
- Ausblick auf die nächste Version

ABC-Analyse

Die ABC-Analyse ist ein klassisches Instrument zur Bildung von Kategorien und damit zur Priorisierung. Sie ist eine Klassifizierungsmethode für zahlreiche Elemente, z. B. für Beschaffungsteile, Produkte, Funktionen oder Anforderungen. Mit Hilfe eines Tabellenkalkulationsprogramms wird ein Säulendiagramm in einem zweidimensionalen Koordinatensystem hergestellt. Die Elemente sind auf der x-Achse und die Auswirkungen der Elemente (z. B. Kosten in Euro oder Zeitersparnis in Stunden) auf der y-Achse angeordnet. In dem Säulendiagramm ist die Anzahl der A-Anforderungen gering – der mit wenigen A-Anforderungen erzielbare Effekt ist jedoch erheblich. B-Aspekte sind zahlreicher, aber erheblich schwächer in der Auswirkung. C-Aspekte stellen bis zu 90 Prozent der Summe aller Aspekte dar, sind jedoch in ihren Auswirkungen marginal.

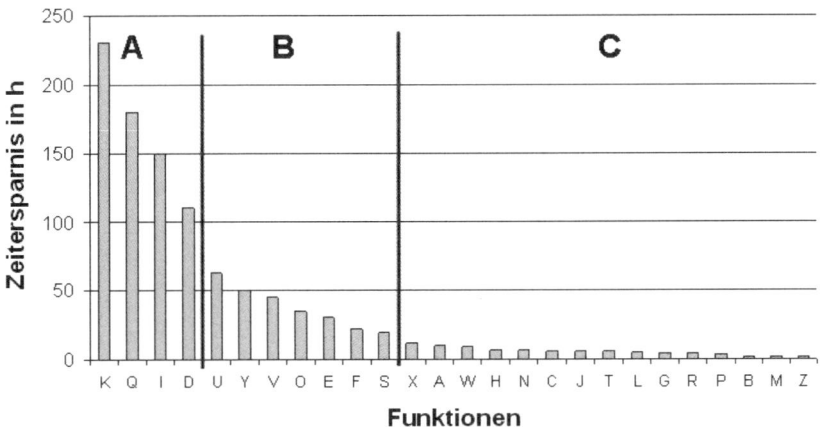

Abbildung: ABC-Analyse

Terminplan

Der Terminplan ist ein Dokument, das Aktivitäten auf einer Zeitachse als Balken darstellt (auch Gantt-Diagramm) und gemäß ihrer logischen Abhängigkeiten miteinander vernetzt: Reihenfolge, zeitliche Überlappung bzw. Gleichzeitigkeit. Der Balkenplan visualisiert diese Abhängigkeiten sowie die Termine von Aktivitäten und Meilensteinen.

Abbildung: Beispiel für Termin- und Balkenplan (siehe nächste Seite)

	Vorgangsname	Dauer in Tagen	Vor- gän- ger	Anfang	Auf- wand in Std.	Ende	Ressourcen- name
1	Voraussetzungen für den Rohbau erfüllt	0		Fr 13.10.	0	Fr 13.10.	
2	**Rohbau**	**18**		**Fr 13.10.**	**200**	**Di 07.11.**	
3	Verschalen für Fundament	2	1	Fr 13.10.	16	Mo 16.10	Müller
4	Fundamentplatte gießen	2	3	Di 17.10.	16	Mi 18.10.	Meir
5	Fundament aushärten	2	4	Do 19.10.	0	Fr 20.10.	
6	Mauerwerk EG erstellen	2	5	Mo 23.10.	32	Di 24.10.	Schmidt; Zemelka
7	Verschalen für Decke EG	2	6	Mi 25.10.	16	Do 26.10.	Smcrek; Otto
8	Decke EG gießen	2	7	Fr 27.19.	16	Mo 30.10.	Otto
9	Decke EG aushärten	2	8	Di 31.10.	0	Mi 01.11.	
10	Innentreppe verschalen	1	6	Mi 25.10.	8	Mi 25.10.	Meir
11	Innentreppe gießen	1	10	Do 26.10.	16	Do 26.10.	Meier; Schmidt
12	Innentreppe aushärten	1	11	Fr 27.10.	0	Fr 27.10.	
13	EG fertig	0	9;12	Mi 01.11.	0	Mi 01.11.	
14	Mauerwerk OG erstellen	2	13	Do 02.11.	32	Fr 03.11.	Zemelka; Müller
15	Dachstuhl aufbauen	2	14	Mo 06.11.	32	Di 07.11.	Smcrek; Meier
16	Richtfest	0	15	Di 07.11.	0	Di 07.11.	

Ressourcenplan

Der Ressourcenplan stellt den Bedarf an Ressourcen (meist Personal) dar: Welche Fachdisziplin benötige ich in meinem Projekt in welcher Menge zu welchen Zeitpunkten? Diese Fragen werden auf der Basis des Terminplans anhand von Ressourcenbedarfskurven beantwortet. Pro Aktivität oder pro Arbeitspaket wird der Ressourcenbedarf (in Personenstunden oder -tagen) abgeschätzt und entsprechend dem Zeitfenster aufgetragen.

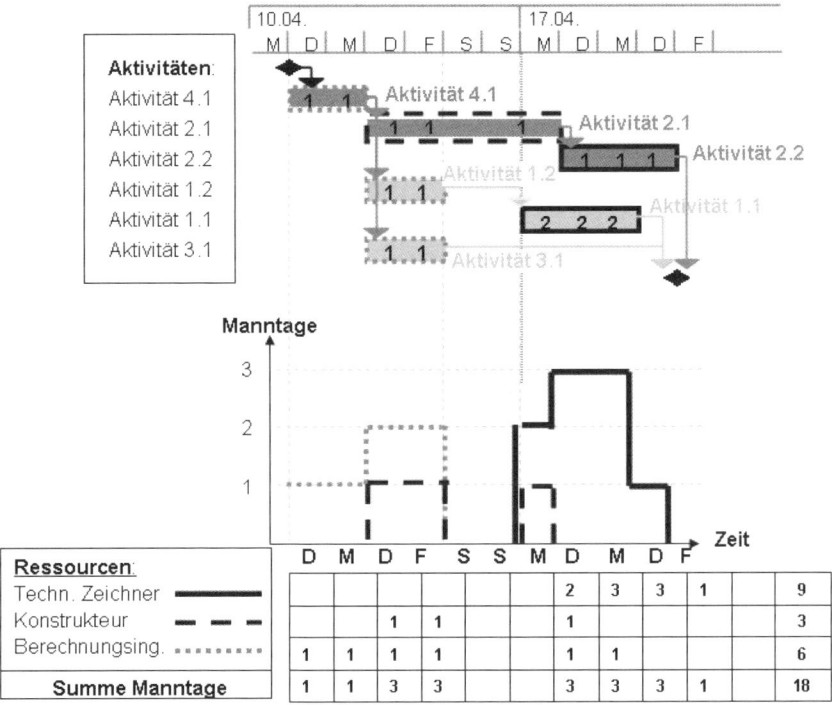

Abbildung: Beispiel für Ressourcenplanung

Kostenplan ⊙

Der Kostenplan stellt den Bedarf an finanziellen Mitteln, also an Geld, dar: Wie viel Geld benötige ich in meinem Projekt zu welchen Zeitpunkten? Diese Fragen werden auf der Basis des Terminplans anhand von Plankostenkurven beantwortet. Pro Aktivität oder auch pro Arbeitspaket werden die für Personal, Material, Fertigung, Dienstleistungen etc. benötigten Mittel abgeschätzt und entsprechend dem Zeitfenster aufgetragen. Nur wenn man den geplanten Kostenverlauf kennt, kann man artikulieren, wann man wie viel Kapital benötigt (auch Kapitalbedarfsplan). Auf dieser Basis werden vor allem bei Investitionsprojekten Zahlungspläne mit dem Auftraggeber vereinbart.

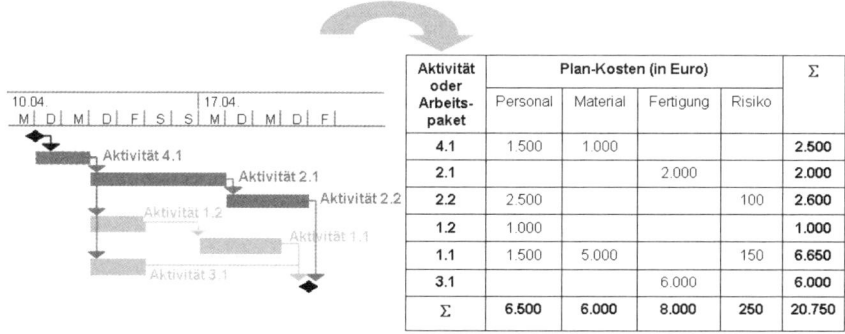

Aktivität oder Arbeits-paket	Plan-Kosten (in Euro)				Σ
	Personal	Material	Fertigung	Risiko	
4.1	1.500	1.000			2.500
2.1			2.000		2.000
2.2	2.500			100	2.600
1.2	1.000				1.000
1.1	1.500	5.000		150	6.650
3.1			6.000		6.000
Σ	6.500	6.000	8.000	250	20.750

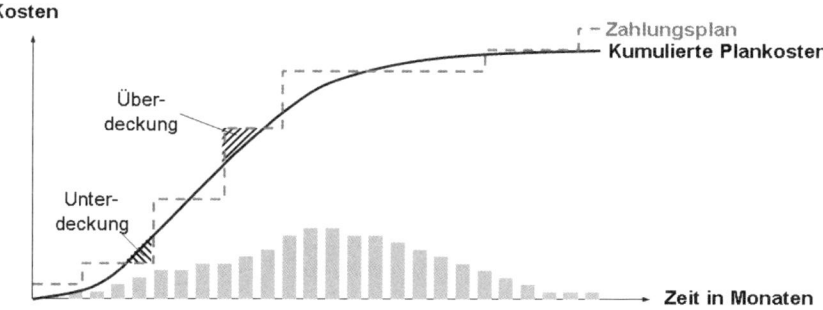

Abbildung: Beispiel für Kostenplanung

Risiken-Portfolio 🔲

In einem Risiken-Portfolio werden alle ermittelten Risiken hinsichtlich ihrer jeweiligen Auswirkung (in Euro) und ihrer Eintrittswahrscheinlichkeit (in Prozent) eingestuft. Besonders für Risiken mit hoher Auswirkung und hoher Eintrittswahrscheinlichkeit müssen Maßnahmen zur Abwehr, Weitergabe oder Reduzierung der Auswirkung und/oder der Eintrittswahrscheinlichkeit definiert und umgesetzt werden. Für die verbleibenden Restrisiken müssen Maßnahmen zum Umgang nach deren Eintritt entworfen werden – so genannte Notfallpläne. Wenn die Auswirkung nicht qualitativ (gering, mittel, hoch), sondern quantitativ (z. B. in Euro) angegeben wird, kann ein Budget für potenzielle Risiken geplant werden. Dieses Budget, auch Risikopool oder Wagnis genannt, setzt sich aus dem Produkt von Auswirkung und Wahrscheinlichkeit eines jeden Risikos zusammen – die Summe dieser einzelnen Beträge ergibt den Risikopool über alle Risiken des Projekts hinweg.

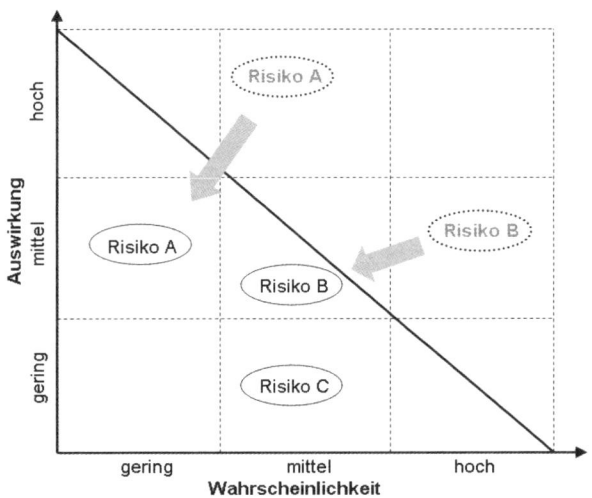

Risiko ohne Maßnahmen	A	B	C	D	E	Gesamt
Wahrscheinlichkeit (in %)	50 %	90 %	50 %			
Auswirkung (in Euro)	20.000	10.000	2.000			
Beitrag zum Risikopool (% * Euro)	10.000	9.000	1.000	–	–	20.000
Risiko nach Maßnahmen	A	B	C	D	E	Gesamt
Kosten der Maßnahmen (in Euro)	1.500	2.500				4.000
Wahrscheinlichkeit (in %)	25 %	50 %	50 %			
Auswirkung (in Euro)	10.000	8.000	2.000			
Beitrag zum Risikopool (% * Euro)	2.500	4.000	1.000	–	–	7.500

Abbildung und Beispielübersicht: Risiken-Portfolio

Risiko-Checklisten

Die Verwendung von Risiko-Checklisten ist ein bewährtes Mittel, Erfahrungen zu sammeln und weiterzugeben. In Risiko-Checklisten werden potenzielle Risiken in Kategorien eingeteilt und anhand von Fragen aufgelistet. Mögliche Kategorien sind: Stakeholder, Technik, kaufmännisch/vertraglich, Ressourcen, Termine, Logistik, Lieferanten.

Scenario Writing

Wenn große Unsicherheit darüber besteht, wie sich Einflussfaktoren verhalten, werden insbesondere bei langen Laufzeiten unterschiedliche Verlaufsszenarien entworfen. Dabei werden mindestens drei unterschiedliche Szenarien ausgearbeitet, die entweder optimistische, pessimistische oder realistische Annahmen beinhalten. Die Annahmen werden in Bezug auf ihre Inhalte, ihre Wahrscheinlichkeit und ihre Voraussetzungen beschrieben.

Entscheidungsmatrix ⊡

In einer Entscheidungsmatrix werden alle sinnvollen Alternativen hinsichtlich ihrer Auswirkung auf Qualität, Termine, Ressourcen, Kosten und Risiken beschrieben sowie Prioritäten und Empfehlungen gekennzeichnet. Die Matrix ist so eine kompakte Entscheidungsvorlage. Ein Beispiel:

Optionen Auswirkung auf	Alternative A: billiges Material	Alternative B: teures Material	Alternative C: neu konstruieren	Keine Entscheidung bis 01.07.
Qualität, Projektergebnis Prio: ...	nicht gemäß Spezifikation (95% Last)	gemäß Spezifikation	gemäß Spezifikation	gemäß Spezifikation (Alternative B)
Termine Prio: ...	im Plan	1 Woche Verzug	3 Wochen Verzug	2 Wochen Verzug
Ressourcen	im Plan	im Plan	Zusätzlich 6 Mannwochen Konstruktion	im Plan
Kosten Prio: ...	im Budget	50.000 Euro über Budget	240 Stunden	50.000 Euro über Budget
Risiken	80.000 Euro höheres Risiko	10.000 Euro Pönale	30.000 Euro Pönale	20.000 Euro Pönale
Empfehlung			X	

2 Das Projekt planen und organisieren

Sie kennen die Ziele Ihres Projekts und haben einen belastbaren Projektauftrag? So weit, so gut. Das reicht aber noch nicht. Um den weiteren Verlauf des Projekts nicht dem launischen Zufall zu überlassen, müssen Sie organisieren und planen – mit einem einzigen Zweck: Strukturen zu schaffen, um Transparenz zu ermöglichen und um Orientierung zu geben.

- Wie bekommen Sie Licht in eine Black Box, bei der bisher nur die Ziele bekannt sind? Wie bekommen Sie Struktur in Ihr Projekt?
- Wie verhalten Sie sich, wenn Ihnen in diesem Stadium bereits Versprechungen abverlangt werden und Sie keine Ahnung haben, ob Sie diese später halten können?
- Was tun Sie, wenn überhaupt nicht geklärt ist, wer was zu sagen hat und welche Rolle Sie dabei spielen dürfen, müssen, können?

Erwarten Sie sich bei der Suche nach verlässlichen Antworten auf diese Fragen keine große Unterstützung von Ihrem Umfeld. Die Linie mag keine Projekte – und genau deshalb gibt es Projektleiter, die sich ihr Terrain erst erkämpfen müssen. Wie Sie das konkret machen? Dafür finden Sie Anregungen auf den folgenden Seiten.

Ihr Projekt ist eine Black Box? Wie Sie das schnell ändern

>> **DAS SZENARIO**

Im Rahmen meiner Ausbildung wurde ich Projektleiter für ein kleineres Investitionsprojekt – mein erstes. Es ging um eine Anlagenkomponente im sechsstelligen Eurobereich, die an einen französischen Kunden geliefert werden sollte. Weder der Auftragswert noch die technische Komplexität war eine Herausforderung – für das Unternehmen war es ein kleines Standardprojekt. Und deshalb gab man es mir zum Lernen. Alles schön und gut, aber ich hatte keine Ahnung von der Technik, von den internen Abläufen oder von dem Kundenvertrag. Ich hatte nur Grundkenntnisse in Projektmanagement. Ich war vollkommen orientierungslos. Und schon am ersten Tag rief der Kunde an und fragte nach ersten Zeichnungen. Ich war geschockt. Wie konnte ich mich möglichst schnell einarbeiten?

Wege zur Lösung

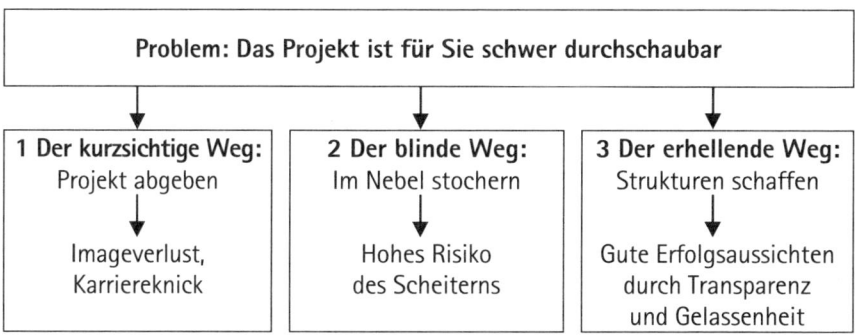

1 Der kurzsichtige Weg: Projekt abgeben

Dieser Fluchtweg steht immer verlockend zur Disposition und soll deswegen kurz behandelt werden. Sie können Ihrem Auftraggeber oder Vorgesetzten sagen, dass Sie sich der Aufgabe nicht gewachsen fühlen, und das Projekt abgeben. Bedenken Sie bei Ihrer Flucht folgendes: Neuartigkeit, Komplexität, Unübersichtlichkeit und Außergewöhnlichkeit sind normale Kennzeichen eines Projekts. Ein flaues Gefühl im Magen ist absolut in Ordnung, denn die Unsicherheit ist in Projekten Ihr ständiger Begleiter. Als Projektleiter müssen Sie aber lernen, mit dieser Unsicherheit klarzukommen – von Ihnen wird Sicherheit im Umgang mit Unsicherheit erwartet. Das erfordert persönliche und methodische Kompetenz. Zu Beginn Ihrer Karriere haben Sie noch keine Erfahrung mit Unsicherheit. Aber man erwartet Ihre Bereitschaft zum Umgang mit dieser Unsicherheit.

Fazit: Wann dieser Weg Erfolg verspricht

Das Abgeben des Projekts ist nur kurzfristig ein hilfreicher Weg – bereits mittelfristig überwiegen die Nachteile. Vor allem wenn Sie im Projektmanagement Karriere machen möchten.

2 Der blinde Weg: Im Nebel stochern

Eine andere Variante im Umgang mit Black Boxes ist der blinde Weg. Augen zu und eintauchen ins kalte, trübe Wasser des Projektteichs. Sie wollen das Projekt nicht abgeben, wissen aber auch nicht, woraus es besteht. Na gut, dann fangen Sie einfach mit einem Stück an, machen mit einem anderen weiter, erkennen ein drittes, wenn Ihnen ein viertes auf den Kopf fällt. Sie stochern im Nebel und werden heute nicht wissen, was morgen passiert. Sicherlich ein spannender Weg. Aber da Sie im Moment keinen Überblick haben, bleibt Ihnen nichts anderes übrig, als diesen Weg in kleinen Schritten und Rückschritten zu gehen. Das dauert und schließlich sitzt Ihnen auch der Auftraggeber im Rücken und will erste Zwischenergebnisse. Auf diesem Weg hätte ich mich Stück für Stück nach vorne getastet: Akten lesen, Protokolle und Vertrag studieren, Kunde ansprechen, Kollegen fragen etc.

PRO

Termin: Sie zögern nicht lange, sondern legen sofort los. So sparen Sie auf jeden Fall die Zeit für eine grundlegende Planung. Die ersten Aktivitäten werden so schneller beginnen können.

Karriere: Sie sind guter Dinge und sprechen die an Ihrem Projekt beteiligten Parteien pro-aktiv an – das ist gut. Sie werden nach und nach viele Leute kennenlernen und sicherlich wiederholt treffen. Wenn sich keiner Ihrer Ansprechpartner von Ihrer spontanen Art genervt fühlt, werden Sie bald den Ruf eines kontaktfreudigen und teamfähigen Projektleiters haben.

 CONTRA

Qualität: Dieser Weg wirkt nicht nur planlos, er ist es auch. Sie tun sofort das, worauf man Sie anspricht oder was Ihnen gerade einfällt. Es bleibt Ihnen ja auch nichts anderes übrig, denn Sie haben keine Übersicht, keinen Plan, keine Struktur. Sie leben von der Hand in den Mund und sind hochgradig fremdbestimmt. An Ihrem Brei werden sehr viele Köche kochen, denn Sie selbst haben kein Rezept. Und erfahrungsgemäß wird ein solcher Brei ungenießbar, für Ihren Auftraggeber, für Ihr Unternehmen und für Sie.

Termin: Der kürzeste Weg zwischen zwei Punkten ist eine Linie. Auf Ihrem Weg gehen Sie aber ungeplant zahllose Windungen, Schleifen und Zick-Zack-Linien. Sie umzingeln das Ziel und werden auf jeden Fall Zeit verlieren. Den vertraglichen Endtermin werden Sie so nicht halten können.

Kosten: Sie werden der „Herr der Doppelarbeit", denn für jedes Teilziel müssen Sie doppelt und dreifach so viel mit Leuten reden, Unterlagen studieren, Absprachen korrigieren, Teile versenden wie Ihre Projektleiterkollegen. Das wird sich im Personalaufwand genauso widerspiegeln wie im Materialaufwand für Ihr Projekt. Jede Wette: Dieses Projekt erwirtschaftet keinen Gewinn.

Karriere: Auch wenn Sie im Umgang mit Kollegen und mit dem Kunden zuerst positiv auffallen – das wird Sie nicht retten. Gemessen werden Sie an Ihren Erfolgen und die werden auf diesem Weg sehr rar gesät sein. Und wenn erst einmal bekannt wird, dass in Ihrem Projekt Termine und Kosten wegen Korrekturschleifen komplett aus dem Ruder laufen, werden auch die Kollegen von Ihnen ein anderes Bild haben: Der weiß ja gar nicht, was er will, ständig gibt es Änderungen.

Fazit: Wann dieser Weg Erfolg verspricht

Dieser Weg entsteht zufällig. Man erkennt ihn erst in der Rückschau, denn er entsteht, indem er gegangen wird. Sie gehen mit ihm ein hohes Risiko ein, wie die zuvor gezeigten vielen Nachteile zeigen. Dennoch gibt es eine Situation, in der dieser Weg in begrenzter Form sinnvoll und notwendig ist: Das Projekt ist derart neuartig und innovativ, dass so gut wie nichts davon bekannt ist – keiner dies- und jenseits der Firmengrenze kann im Vorfeld Informationen und Erfahrungen einbringen. Unter solchen Voraussetzungen werden Sie sicherlich trotzdem einen groben Plan machen, um sich einen inhaltlichen Überblick zu verschaffen. Aber Sie werden sich vortasten müssen, Versuchsballons steigen lassen, Inhalte sukzessive eingrenzen müssen. Aber auch das sollten Sie bewusst und geplant und nicht per Zufall tun. Erst dann kann man von Sicherheit im Umgang mit Unsicherheit sprechen.

3 Der erhellende Weg: Strukturen schaffen

Dieser Weg sucht zu Beginn die klare Sicht. Die Projekt-Black Box wird aufgemacht, um die Einzelteile in Augenschein zu nehmen. Sie wollen genau wissen, womit Sie es bei diesem Projekt zu tun haben.

Die entscheidende Frage dabei lautet: Was ist Gegenstand des Projekts? Die Perspektive richtet sich vom Großen zum Kleinen – top-down. Der große Felsen „Projekt" wird in kleinere Brocken zerschlagen, in die Teilprojekte. Die Teilprojekte werden wiederum in noch kleinere Steinklumpen gesplittet, in Teilaufgaben. Dies geschieht so lange, bis handhabbare Steine entstehen, die Arbeitspakete.

Das Ziel dieses Vorgehens ist es, die Projektinhalte

- vollständig und redundanzfrei zu erfassen,
- logisch zu strukturieren und transparent zu machen,
- für Ihre weitere Planung und Ihr Controlling handhabbar zu machen,
- an erkennbare Verantwortungsbereiche delegieren zu können.

Sie lichten den Nebel und erhalten das „Röntgenbild" Ihres Projekts – den Projektstrukturplan (PSP; siehe Tool auf S. 79). Für meine Anlagenkomponente hätte ich also einen PSP erarbeitet und alle Anteile dargestellt, die für deren Erstellung erforderlich gewesen wären:

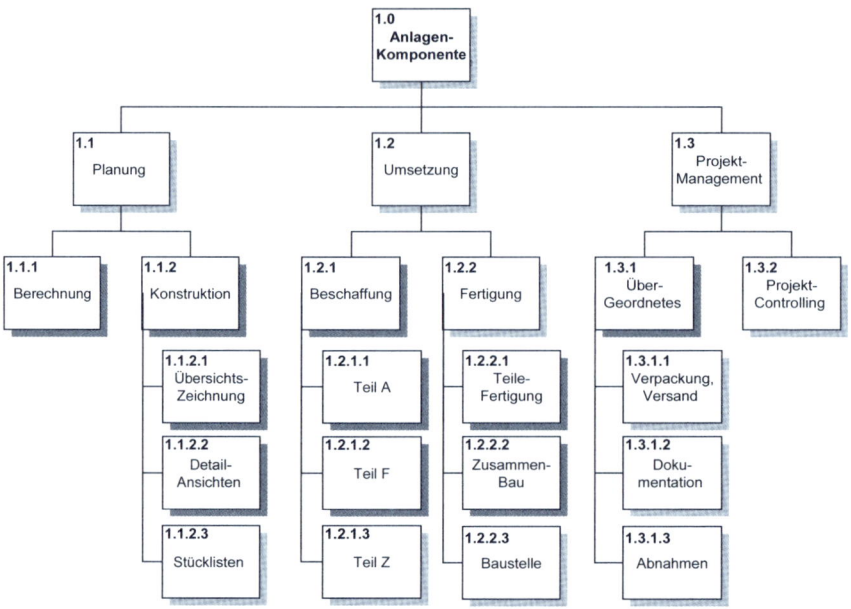

Alternativ zu diesem Projektstrukturplan wäre auch ein Mind Map (siehe S. 81) oder eine DOW (siehe S. 81) in Frage gekommen – das Resultat wäre identisch gewesen: die Projektstruktur. In ihr wird der inhaltliche Aufbau des Projekts für Sie nachvollziehbar dargestellt – ohne zeitliche Reihenfolge. Alle weiteren Pläne bauen auf der inhaltlichen Struktur Ihres Projekts auf: Terminplan (siehe S. 43), Kalkulation, Qualitätssicherungsplan etc. Der PSP ist das Skelett Ihres Projekts – alles andere wird davon getragen.

  PRO

Qualität: Sie stellen sicher, dass Sie auch alle für das Projekt erforderlichen Aspekte berücksichtigen. Niemand kann an alles denken, aber Sie gehen systematisch vor und erreichen die bestmögliche Transparenz.

Karriere: Diese Methodik zeigt Ihre Projektmanagementkompetenz. Wer die Übersicht hat und Orientierung geben kann, der hat sein Projekt im Griff. Das werden Ihre Teammitglieder genauso bemerken, wie Ihr Auftraggeber.

Termin: Wer Strukturen schafft, leistet Basisarbeit, die sich später rentieren soll. Dennoch bedeutet diese Vorarbeit einen Zeitaufwand. Der tatsächliche Projektbeginn wird sich verzögern – um wenige Tage.

Fazit: Wann dieser Weg Erfolg verspricht

Für Sie als Projektleiter ist dieser Weg immer richtig. Selbst unter Rahmenbedingungen, in denen keine Transparenz gewünscht wird, ist für Sie der Durchblick zwingend notwendig. Nur sehr erfahrene Projektleiter, die seit Jahren die gleiche Art Projekte managen, haben die Projektstruktur im Kopf. Und im Grunde machen selbst diese Kollegen in ihrem Kopf nicht anderes als Sie auf einem großen Blatt Papier: Sie öffnen die Black Box und bringen alles in eine logische Ordnung, um den Überblick zu bekommen und zu behalten. Der PSP ist ein Standardinstrument des Projektmanagement. Je neuartiger, komplexer und unbekannter ein Projekt erscheint, umso mehr werden Sie von ihm profitieren. Auch bei Projekten mit hohem Wiederholungsgrad macht er Sinn und ist umso schneller erstellt: Nehmen Sie den PSP aus einem Vorgängerprojekt und passen Sie ihn für Ihr Projekt an.

Mein Weg: Mit PSP und Mind Map – so bin ich vorgegangen

Nachdem ich meinen ersten Schock überwunden hatte, sprach ich einen erfahrenen Projektleiter an und bat ihn um Rat. Er bot sich an, mit mir gemeinsam ein Mind Map (siehe gleichnamiges Tool auf S. 81) für mein Projekt zu entwerfen. Wir

nahmen die Unterlagen zum Projekt mit in einen Besprechungsraum und setzten das Projektkennwort in die Mitte einer Pinnwand. Wir teilten das Projekt in Phasen ein, die als Äste von dem Projektkennwort wegführten: Konstruktion, Beschaffung, Produktion, Versand, Baustellenmontage. Dann listeten wir alle physischen Einzelteile der Anlagenkomponente auf und teilten sie den entsprechenden Phasen zu: Welche Teile gehören in eine gemeinsame Zeichnung? Welche Teile werden beschafft? Welche fertigen wir selbst? Wie erfolgt der Versand – komplett oder in Einzelteilen? Was passiert auf der Baustelle? Dann fügten wir allgemeine Aufgaben in das Mind Map ein: Dokumentation, Projektmanagement, Abnahmen etc. Zum Schluss überprüften wir, ob die Summe aller in meinem Mind Map stehenden Arbeitspakete eine funktionsfähige Anlagenkomponente ergeben würde. Fertig war der PSP für meine Anlagenkomponente. Damit ich die einzelnen Arbeitspakete in geeigneter Form an die zuständigen Mitarbeiter delegieren konnte, erstellte ich jeweils eine detaillierte Arbeitspaketbeschreibung (siehe S. 80).

Ob es mir und dem Projekt genutzt hat? Nach diesen zwei Stunden war ich erst einmal sehr erleichtert. Der PSP gab mir die Übersicht für mein Projekt, die mir bislang fehlte. Kein vorheriges Gespräch hatte mich so gut informiert. Ich fühlte mich jetzt viel sicherer. Der PSP hing direkt neben meinem PC und war die erste Seite in meinem Projektordner. Ich musste zwar immer wieder Ergänzungen und Änderungen machen, aber mit dem PSP lernte ich mein Projekt erst richtig kennen. Der PSP war mein Projekt auf einem Blatt. Es war für das Unternehmen sicherlich kein besonderer Erfolg, dass die Anlagenkomponente termingerecht geliefert und montiert wurde – für mich schon.

 KLARTEXT: IHR PROJEKT IST EINE BLACK BOX?

1 Es geht jedem Projektleiter so: Sie sind unsicher, ob Sie das Projekt vollständig erfassen können. Projekte sind von ihrer Natur her neuartig, unüberschaubar und komplex.

2 Begegnen Sie Ihrer Unsicherheit bewusst und setzen Sie sich intensiv mit den Inhalten des Projekts auseinander.

3 Auch wenn Sie am liebsten gleich anpacken würden: Investieren Sie Zeit für einen Projektstrukturplan und gewinnen Sie den Überblick.

4 Mit einem Projektstrukturplan zeigen Sie Ihrem Auftraggeber Sicherheit im Umgang mit Unsicherheit und geben ihm Orientierung.

5 Nutzen Sie den Projektstrukturplan als Kerndokument Ihres Projekts – und leiten Sie alle weiteren Pläne aus ihm ab.

Terminzusagen im Blindflug – geht das?

DAS SZENARIO »

Während meiner Zeit als Projektleiter bei einem Anlagenbauunternehmen habe ich wiederholt den Vertrieb bei Kundenbesuchen begleitet. Sobald ein Angebot „heiß" wurde – also der Kunde eine Auftragsvergabe ankündigte – wurde der danach verantwortliche Projektleiter eingebunden. Während der Schlussverhandlung betonte ein Kunde, dass er insbesondere unsere kurze Lieferzeit schätze – wir wären der einzige Anbieter, der wunschgemäß liefern könnte. Kurze Lieferzeit? Ich stutzte. Der Vertriebskollege schob mir eine separate Zusatzvereinbarung für den Liefertermin zu – zwölf Monate Lieferzeit ab Vertragsunterzeichnung stand dort. „Das geht nicht", brach es aus mir heraus. Der Kunde sah mich verdutzt an. Der Vertriebskollege sprang auf und führte mich vor die Tür – dort sagte er: „Wenn wir diesen Termin nicht akzeptieren, verlieren wir den Auftrag." Wie sollte ich mich verhalten? Den Termin, von dem ich zu diesem Zeitpunkt nicht wusste, ob er zu halten war, einfach zusagen? Oder das Projekt gleich ablehnen?

Wege zur Lösung

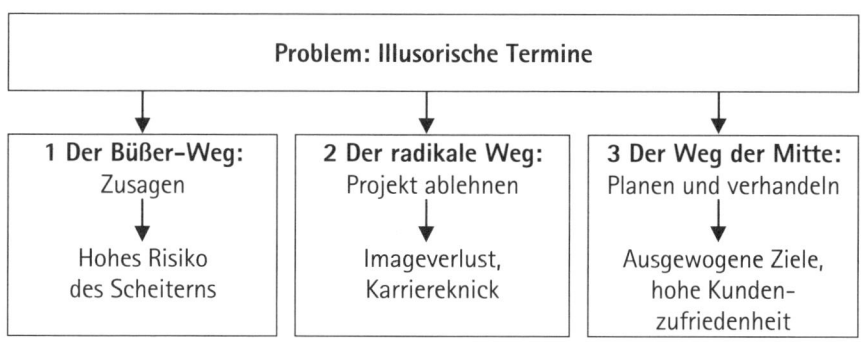

Problem: Illusorische Termine		
1 Der Büßer-Weg: Zusagen	**2 Der radikale Weg:** Projekt ablehnen	**3 Der Weg der Mitte:** Planen und verhandeln
Hohes Risiko des Scheiterns	Imageverlust, Karriereknick	Ausgewogene Ziele, hohe Kundenzufriedenheit

1 Der Büßer-Weg: Zusagen

Es ist in der Projektarbeit alles andere als eine exotische Situation, wenn Ihnen ein illusorischer – oder nennen wir es ein enger – Termin abverlangt wird. Das heißt, Sie nehmen an, dass der Termin eng ist – aber Sie wissen es nicht, oder? Sie kennen das Projekt doch kaum. Belastbares Wissen haben Sie nicht, Annahmen sind unsicher, mehr können Sie jetzt eben noch nicht sagen – dann lassen Sie es uns angehen, Flucht nach vorne. Auf jeden Fall gehen Sie die terminliche Vereinbarung ein und versuchen mit aller Macht, den Termin zu realisieren. Durch Ihre Bemühungen werden Sie weitere Erkenntnisse sammeln und können dann viel besser beurteilen, ob der Termin vielleicht doch machbar ist. Dabei sollten Sie auf folgende Punkte achten:

- Die gestellten Sachziele und Anforderungen sind Ihnen eindeutig klar.
- Sie können das Wesentliche vom Unwesentlichen unterscheiden und schaffen es notfalls auch, Unwichtiges über Bord zu werfen.
- Sie müssen hocheffizient arbeiten – Sie brauchen einen gut strukturierten und verständlichen Terminplan.
- Sie sollten frühzeitig Zwischenergebnisse sichern – setzen Sie sich konkrete Meilensteine, zu denen die erbrachte Leistung abgeprüft wird.
- Sie müssen sicher stellen, dass Sie die benötigten Mitarbeiter bekommen – Sie brauchen einen vereinbarten Ressourcenplan, der Ihre Termine sichert.

Im Szenario sieht dieser Weg so aus: Ich stimme meinem Vertriebskollegen zu und entschuldige mich bei unserem Kunden für meine Reaktion. Trotzdem versuche ich noch in der Verhandlung, die für den Kunden erfolgskritischen Anlagenfunktionen zu fixieren, die er nach zwölf Monaten auf jeden Fall benötigt. Nach der Verhandlung erstelle ich sofort einen groben Terminplan (siehe gleichnamiges Tool auf S. 43), in dem die wichtigsten Anforderungen innerhalb von zwölf Monaten umgesetzt werden. Auf Basis dieses Terminplans mache ich eine Ressourcenabschätzung (siehe das Tool „Ressourcenplan" auf S. 45) und beantrage die benötigten Ressourcen direkt bei der Geschäftsführung.

Sie übernehmen das volle Risiko Ihres Auftraggebers und Sie tragen die Verantwortung dafür, dass es klappt. Der Vertrieb ist fein raus: „Der Projektleiter war doch dabei und hat zugestimmt!" Jetzt hängt alles von Ihnen ab. Sie verlassen sich darauf, dass Ihr Projekt wegen des knappen Termins Priorität eingeräumt bekommt. Sie wären nicht der erste, der sich da täuscht und zwischen die Mühlsteine gerät. Gesundheitliche und soziale Folgen inklusive.

So entschärfen Sie die Bombe
Wichtig ist es, dass Sie für die Relevanz und für die Dringlichkeit Ihres Projekts werben: bei den Ressourcenverantwortlichen, damit Sie die benötigten Ressourcen bekommen und bei den Mitarbeitern, damit diese motiviert und bereitwillig an Ihrem Projekt arbeiten. Am besten sprechen Sie auch mit Ihrem Vorgesetzten über die möglichen Folgen eines Misserfolgs. Das Management muss die terminlichen Randbedingungen kennen, bevor das Projekt schief läuft. Dann heißt es am Ende vielleicht nur: Ja, der Termin war eng und er hat alles versucht, aber es hat nicht ganz geklappt.

Karriere: Wenn es Ihnen gelingt, den wesentlichen Teil der Anforderungen innerhalb des geforderten Zeitrahmens zu realisieren, werden Sie vom Kunden, von Ihrem Vorgesetzten und vom Vertrieb gefeiert und klettern auf der Karriereleiter nach oben. Als freier Berater werden Sie im Falle des Erfolgs bei Ihrem Auftraggeber einen sehr guten Ruf haben – Sie sollten Ihr Honorar erhöhen.

Qualität und Kosten: Sie können den Termin nur auf Kosten eines höheren Ressourceneinsatzes oder auf Kosten der Qualität einhalten – wahrscheinlich gehen die Kosten nach oben und die Qualität nach unten. Das ist der Preis, den Sie und Ihr Projekt zahlen müssen. Ihren Auftraggeber werden die Qualitätseinbußen und Ihren Vorgesetzten wird der fehlende Deckungsbeitrag aus Ihrem Projekt stören.

Karriere: Geht alles gut, sind Sie der Star – geht es schief, sind Sie der Dumme. Sie gehen mit dem Projekt eine Wette ein – wenn Sie diese verlieren, wird man an Ihrer

Kompetenz zweifeln. Wer ein Projekt in den Sand setzt, muss sich danach erst wieder hocharbeiten. Das kann sich nachteilig auf Ihre Karriere bzw. auf Ihre Auftragslage auswirken.

Fazit: Wann dieser Weg Erfolg verspricht

Aufgrund des massiven Termindrucks ist dieser Weg nur unter bestimmten Voraussetzungen zu empfehlen:

- Das Projekt ist da und der Termin steht – es ist nichts mehr zu ändern.
- Ihr Auftraggeber gibt sich trotz Ihrer mehrfachen Hinweise kompromisslos und will sich keinesfalls auf einen Deal mit Ihnen einlassen.
- Gangbar ist dieser Weg auch in einer Unternehmenskultur, in der alles mit illusorischen Terminen versehen wird, da sonst keiner etwas macht. In solchen Unternehmen wird das Unmögliche gefordert, um das Mögliche zu erreichen.

In all diesen Fällen wäre es sinnlos, aufzustehen und die Terminsirene anzuwerfen. Dann wird Ihnen nichts anderes übrig bleiben, das Projekt mit dem engen Termin zu versuchen. Machbar ist das dann aber nur mit ganzer Kraft. Sie sollten also für dieses Projekt voll einsatzfähig sein, zeitlich, mental und körperlich.

2 Der radikale Weg: Projekt ablehnen

Sie wollen sich nicht als Kopf eines Himmelfahrtkommandos verheizen lassen – so haben Sie sich Projektmanagement nicht vorgestellt. Es wird doch sicherlich allen klar sein, dass dieses Projekt zum Scheitern verurteilt ist und Sie nicht der Kapitän eines lecken Boots sein wollen. Und wenn Sie es dann mit gutem Willen versuchen und sich ein Bein ausreißen, will keiner mithelfen. Liegt der Karren dann im Graben, sind Sie Schuld. Nein, das ist nichts für Sie. Sie können Ihrem Auftraggeber oder Vorgesetzten sagen, dass dieses Projekt bis zu dem Endtermin nicht machbar ist. Im Ausgangsfall hätte ich diesem Weg folgend so gehandelt: Ich mache meinem Vertriebskollegen noch während der Verhandlung deutlich, dass ich diesen Termin nicht akzeptieren kann. Entweder wir verhandeln neu oder er sucht sich einen anderen Projektleiter. Ihm gefällt das überhaupt nicht. Er lässt das Projekt wahrscheinlich nicht platzen und versucht, meinen Vorgesetzten anzusprechen.

Ich bin natürlich schneller und erkläre meinem Vorgesetzten die Situation aus meiner Sicht: Es ist mir sehr unangenehm, aber hier hat der Vertrieb mal wieder völlig realitätsfremd gehandelt usw. So wäre der Kelch hoffentlich an mir vorüber gegangen.

VORSICHT BOMBE!

Es gibt einen Unterschied zwischen engen Terminen und unmöglichen Terminen. Die entscheidende Frage lautet deshalb, wie sicher Sie sich sind, das eine vom anderen unterscheiden zu können.

So entschärfen Sie die Bombe
Diese Sicherheit müssen Sie sich vor dem Schritt des Ablehnens erarbeiten und einen Termin- und Ressourcenplan erstellen.

PRO

Karriere: Liegen Sie mit Ihrer Einschätzung richtig, dass der Termin wirklich nicht machbar ist, dann ist es tatsächlich besser, jetzt auszusteigen als am Ende mit dem Projekt vor die Wand zu fahren. Jetzt absagen wäre weniger schlecht als ein Misserfolg – Ihre Karriere fördern Sie mit beiden Optionen nicht.

CONTRA

Termin: Es ist in der Regel davon auszugehen, dass das Projekt nicht gestoppt wird. Der Auftrag wird kommen und Ihr Unternehmen wird das Projekt realisieren. Und der Termin wird selten aufgeweicht oder verschoben. Ihr Verhalten verzögert demnach den Projektstart. Da der Endtermin fixiert ist, steht weniger Zeit für das Projekt zur Verfügung – schlecht für Sie oder für einen anderen.

Karriere: Auch wenn Ihre Reaktion verständlich ist – es wird schwer für Sie, als Gewinner aus der Situation hervorzugehen. Nehmen wir an, ein anderer Projektleiter schafft den Termin. Warum konnten Sie das nicht? Oder ein anderer Projektleiter schafft den Termin eben auch nicht – aber dann hat er es wenigstens versucht. Wenn Sie dann noch mit Häme und Besserwisserei auffallen sollten, wird man in Ihnen kaum eine Hilfe für das Unternehmen sehen.

Fazit: Wann dieser Weg Erfolg verspricht

Wenn Sie der festen Überzeugung sind, einen Termin auf gar keinen Fall einhalten zu können, werden Sie ihn auch nicht einhalten. In diesem Fall sollten Sie lieber diesen Weg gehen. Es kommt sicherlich auch auf die Rahmenbedingungen in Ihrem Unternehmen an. Wenn Sie davon ausgehen dürfen, dass

- Ihre Teammitglieder Sie voll unterstützen,
- Ihr Vorgesetzter hinter Ihnen steht,
- Fehler in Ihrem Unternehmen offen angesprochen werden können, ohne Schuldige zu verhaften,

dann fällt es Ihnen sicherlich leichter, Verantwortung zu übernehmen. Andernfalls erscheint dieser Weg umso erlösender. Eines müssen Sie jedoch wissen: Wenn Projektmanagement Ihr Karriereweg sein soll, dann ist dieser Weg für Sie falsch. Wer als Projektleiter Karriere machen will, sollte sich Absagen generell verkneifen – zumindest bis Sie eine akzeptable Sprosse auf der Karriereleiter erklommen haben. Als einzigen überzeugenden Grund für einen Rückzieher bleibt Ihnen bestenfalls die zeitliche Überlastung durch andere Projekte.

3 Der Weg der Mitte: Planen und verhandeln

Dieser Weg will einen Kompromiss finden. Nicht absagen und weglaufen, aber auch nicht sang- und klanglos hinnehmen und leiden. Sie stellen sich dem engen Zeitrahmen, wollen aber herausfinden, wie eng dieser Rahmen wirklich ist und welche Anforderungen realisierbar sind. Sie planen auf Ihren Endtermin hin, prüfen, welches Sachziel im Rahmen des Magischen Dreiecks realistisch ist und nehmen anhand Ihrer Erkenntnisse die Verhandlung mit Ihrem Kunden auf. Ideal wäre es, wenn Sie vor einer verbindlichen Terminzusage noch etwas Zeit hätten. Sie könnten dann bereits im Vorfeld die zum Endtermin unbedingt geforderten Anforderungen ausloten und einen groben Terminplan (siehe S. 43) erstellen. Damit Sie den Fortschritt und die Qualität Ihres Projekts gut verfolgen können, strukturieren Sie Ihren Terminplan in handhabbare Abschnitte, in so genannte Phasen. Jede Phase schließt mit einem entsprechenden Meilenstein (siehe S. 82) ab, zu dem das geplante Ergebnis der Phase geprüft und freigegeben wird. Die für Ihren Terminplan benötigten Ressourcen fordern Sie am besten noch vor einer Terminvereinbarung bei den Ressourcenverantwortlichen ein. Bekommen Sie eine verbindliche Zusage für die Ressourcen, haben Sie Ihren Endtermin ein gutes Stück abgesichert. Und im Vertrag mit Ihrem Kunden fixieren Sie, dass nur die wesentlichen Anforderungen zum Termin stehen müssen und der Rest zu einem späteren Termin erledigt wird.

In meiner Situation hätte ich auf diesem Wege mit meinem Vertriebskollegen vor dem Besprechungsraum eine neue Strategie vereinbart: Wir geben dem Kunden, was er will – nämlich den gewünschten Endtermin. Das große Aber: Wir verhandeln die zu diesem Termin für ihn wirklich notwendigen Lieferungen und Leistungen. Er will nach zwölf Monaten in der Lage sein, etwas mit unserer Anlage unternehmen zu können und wir verpflichten uns, ihm das dafür Nötigste zur Verfügung zu stellen – das ist der Deal. Lässt er sich darauf ein, gut – lässt er sich nicht darauf ein, müssen wir die Verhandlung vertagen. Zurück im Büro würde ich sofort einen Terminplan mit entsprechenden Meilensteinen erstellen und die dafür benötigten Ressourcen planen (siehe Tool Ressourcenplan auf S. 45) und einfordern. Sollte ich feststellen, dass die mit dem Kunden vereinbarten Anforderungen noch immer nicht innerhalb von zwölf Monaten realisierbar sind, müsste ich umgehend folgende Möglichkeiten prüfen:

- Kann ich den Terminplan durch stärkere Überlappung von Aktivitäten verkürzen?
- Welche Aktivitäten kann ich durch mehr Personal verkürzen?
- Kann ich eine Zeitersparnis durch Fremdfirmen erwirken?
- Gibt es eine alternative (technische) Lösung, mit der es schneller geht?
- Kann ich durch eine Nachverhandlung mit meinem Kunden eine für beide Seiten tragfähige Lösung erwirken?

In der Logik des Magischen Dreiecks hätte ich den Termin mit dem Kunden fixiert, die Sachziele auf ein Minimum reduziert und würde nun alle Möglichkeiten der „Kosten-Ecke" des Dreiecks ausschöpfen, bis es insgesamt passt.

VORSICHT BOMBE!

Der Termin ist für Sie Gesetz und alles andere muss sich dem unterordnen – auch Sachziele und Kosten. Ihr Ziel ist es, alle Beteiligten direkt oder indirekt auf Ihre Strategie einzuschwören. So behutsam Sie dabei auch vorgehen mögen – vielleicht spielt der eine oder andere Protagonist nicht mit. Wenn der Kunde auf allen Sachzielen zum vereinbarten Termin beharren sollte, Ihr Vorgesetzter keine Kostenexplosion in Kauf nehmen möchte oder Sie die vereinbarten Ressourcen doch nicht bekommen, fällt Ihre Strategie wie ein Kartenhaus in sich zusammen.

So entschärfen Sie die Bombe

Auf Nummer sicher gehen Sie, wenn Sie frühzeitig mit offenen Karten spielen. Machen Sie aus Ihrer Strategie kein Geheimnis, sondern machen Sie als geschickter Moderator Ihren Weg zum Weg aller Beteiligten. Je offener Sie agieren, umso schneller dürfen Sie auf Vertrauen hoffen. Dennoch sollten Sie Einverständnis über diesen Weg erzielen, bevor Sie verbindliche Terminzusagen machen. Das gilt vor allem auch gegenüber den Ressourcenverantwortlichen in Ihrem Unternehmen.

PRO

Termin: Termine und Preise werden selten logisch hergeleitet, sie werden vom Markt bestimmt. Und der Markt sagt: Bitte schneller und billiger. Wer den vom Markt geforderten Termin zu einem vom Markt akzeptierten Preis schaffen kann, der überlebt. Mit diesem Weg richten Sie sich an den Anforderungen des Marktes aus, und werden mit Ihrem Arbeitgeber überleben. Um nichts anderes geht es in der Arbeitswelt.

Qualität: Fakt ist, dass Ihr Kunde das vereinbarte Minimalziel von Ihnen erreicht sehen will. Aber die Tatsache, dass Sie ein Minimalziel vereinbart haben und nicht 100 Prozent erreichen müssen, erhöht die Wahrscheinlichkeit, dass Sie das Projekt erfolgreich zum Ziel führen. Weniger ist mehr.

Karriere: Sie nehmen die Aufgabe an und gehen bewusst mit dem Terminrisiko um. Beides wird man Ihnen zugute halten. Wenn Sie das Projekt halbwegs hinbekommen, haben Sie sich bewährt – vor Ihrem Kunden und vor allem vor Ihrem Vorgesetzten.

Qualität: Sie opfern die Qualität dem fixierten Termin. Wenn Ihr Kunde mit dem Minimalergebnis nichts anfangen kann, haben Sie ein Problem – auch wenn Ihr Kunde dem vorher zugestimmt haben sollte. Stellen Sie also vorab sicher, dass Ihr Kunde das Minimalergebnis wirklich akzeptieren wird.

Kosten: Die Kosten sind das Opfer dieser Option. Hier liegt Ihr Freiraum, den Sie wortwörtlich ohne Rücksicht auf Verluste ausschöpfen müssen, bis das Minimalziel zum Endtermin erreicht ist. Der Controller wird bei diesem Projekt definitiv nicht Ihr bester Freund werden.

Fazit: Wann dieser Weg Erfolg verspricht

Wenn Sie dauerhaften Erfolg anstreben, ist dieser Weg die Pflicht, nicht die Kür. Termintreue ist bei Referenz- und Imageprojekten Ehrensache. Ihre Gefährten heißen Terminplan, Meilensteine und Ressourcenplanung (siehe die Tools auf S. 42, 82, 45). Allerdings müssen Sie sich mit allen Seiten klar absprechen: Mit Ihrem Kunden über das Sachziel und mit Ihrem Management über Ressourcen und Kosten. Denn eines steht fest: Einen üppigen Gewinn werden Sie mit diesem Projekt nicht einfahren. Wenn Sie also trotz Ankündigungen und Absprachen davon ausgehen, dass Sie wegen eines „roten" Projekts von Ihrem Vorgesetzten oder dessen Boss oder vom Finanzvorstand Ärger bekommen, dann werden Sie mit diesem Weg nicht glücklich. Dann sollte das Projekt nicht stattfinden – zumindest nicht mit Ihnen.

Mein Weg: Verhandeln mit allen Seiten – so bin ich vorgegangen

Weil wir von diesem Kunden einen Auftrag haben wollten, kamen wir an den zwölf Monaten nicht vorbei – der Termin war gesetzt. Ich vereinbarte mit dem Kollegen, dass wir die Zusatzvereinbarung für den Termin eingehen würden, allerdings nur mit der Verpflichtung zur Umsetzung der wirklich notwendigen Anforderungen. Wir gingen gemeinsam mit dem Kunden das Lastenheft durch und kennzeichneten die Passagen, die für den Endtermin unbedingt erforderlich waren. Auf dieser Basis schlossen wir den Vertrag ab.

Bereits in einer Besprechungspause telefonierte ich mit unserem Bereichsleiter. Ich beschrieb ihm die Situation und stellte ihn vor die Wahl: Entweder wir bekommen für das Projekt die Mitarbeiter, die wir brauchen oder wir müssen das Projekt sausen lassen. Ich konnte ihm natürlich nur sehr grob meinen Ressourcenbedarf schildern und stellte auch in Aussicht, dass uns dieses Projekt Geld kosten würde. Er willigte ein, denn der Kunde war ihm zu wichtig. Ein Rückzieher kam deswegen nicht in Betracht. Zurück im Büro erstellte ich einen Termin- und einen dazugehörigen Ressourcenplan. Den Terminplan sprach ich mit den wichtigsten Mitarbeitern ab und plante einen Zeitpuffer in den kritischen Pfad vor dem Endtermin ein – als „geheime Reserve". Wir brauchten ein paar Tage, um den Terminplan auf die gekennzeichneten Anforderungen auszurichten. Mit Termin- und Ressourcenplan ging ich auf meinen Bereichsleiter zu und bat um seine Freigabe.

Was aus dem Projekt wurde? Ich bekam die Freigabe. Es mussten andere Projekte verschoben werden, damit ich die benötigten Mitarbeiter bekam. Damit machte ich mich bei meinen Projektleiterkollegen zwar nicht beliebt, aber wir schafften es, dem Kunden nach zwölf Monaten eine Anlage zu übergeben, die seinen Mindestansprüchen genügte. Den Rest haben wir im Nachgang erledigt – ohne Termindruck. Natürlich haben wir mit dem Projekt einen Verlust eingefahren, aber der Kunde war zufrieden. Und er gab uns in den Folgejahren weitere Aufträge, an denen wir dann verdienen konnten.

KLARTEXT: TERMINZUSAGEN IM BLINDFLUG – GEHT DAS?

1 Verlassen Sie sich darauf: Niemand sieht es gern, wenn Sie ein Projekt ablehnen, nur weil der Termin zu knapp gesetzt ist.

2 Machen Sie das Magische Dreieck zu Ihrem Denkmodell: Termin fix und knapp = Qualität und Umfang runter, Kosten rauf.

3 Schaffen Sie sich Verbündete, indem Sie Ihre Strategie bei Ihren Vorgesetzten und beim Kunden hoffähig machen.

4 Ihr Handwerkszeug ist die Termin- und Ressourcenplanung. Sie müssen verständlich darstellen können, was wie zum Termin machbar ist.

5 Termine und Ressourcen sind Siamesische Zwillinge. Ändern Sie das eine, ändert sich das andere – ohne Ressourcen keine Termine.

Befugnisse und Verantwortlichkeiten unklar – wie Sie sich positionieren

Vor einigen Jahren betreute ich ein Unternehmen bei der Einführung von Projektmanagementmethoden. Ich begleitete z. B. einen Projektleiter, der mit einem größeren Investitionsprojekt beauftragt wurde. Er war fachlich der kompetenteste Ansprechpartner zu diesem Thema und auch Feuer und Flamme für das Projekt. Ihm standen Mitarbeiter aus verschiedenen Bereichen zur Verfügung. Allerdings gab es Probleme: Die Mitarbeiter hörten mehr auf die Anweisungen ihrer Vorgesetzten als auf die des Projektleiters. Manche Mitarbeiter wurden zeitweise oder ganz aus dem Projekt abgezogen. Natürlich litt das Projekt darunter. Viele Arbeiten erledigte der Projektleiter selbst. Er war ratlos. Er hatte ein Projekt, er hatte Mitarbeiter und er hatte nichts zu sagen. Was sollte er tun?

Wege zur Lösung

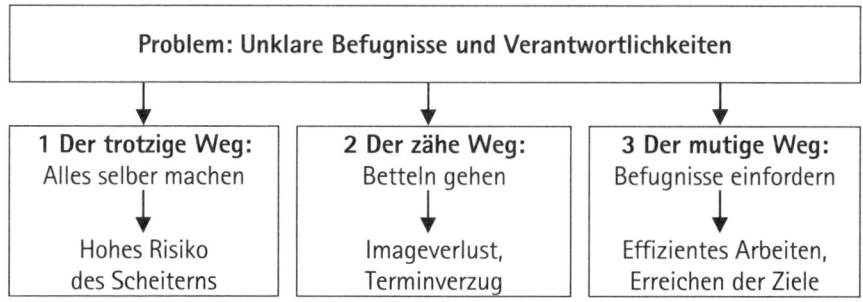

Problem: Unklare Befugnisse und Verantwortlichkeiten		
1 Der trotzige Weg: Alles selber machen	**2 Der zähe Weg:** Betteln gehen	**3 Der mutige Weg:** Befugnisse einfordern
Hohes Risiko des Scheiterns	Imageverlust, Terminverzug	Effizientes Arbeiten, Erreichen der Ziele

1 Der trotzige Weg: Alles selber machen

Das ist im Projektalltag leider häufig so: Projektleiter laufen vor die Wand der Bereichsfürsten. Mitarbeiter werden vielleicht nominell benannt, aber faktisch erscheinen sie im Projekt nie – obwohl sie regelmäßig eingebunden werden. Arbeitspakete werden mühevoll beschrieben und delegiert und nach Wochen erhalten Sie auf Nachfrage die Antwort, dass leider keine Zeit für das Projekt war. Wenn Sie dann beim Vorgesetzten anklopfen, bestätigt der das lapidar – da müsse dann eben der Projektleiter ran. Und wenn ein Mitarbeiter dann doch mal am Projekt gearbeitet hat, müssen Sie feststellen, dass der sich gar nicht an die Vereinbarungen gehalten, sondern die Ausführung komplett geändert hat. Sein Vorgesetzter hätte ihm gesagt, er solle das so machen. In Unternehmen hört man vor allem auf Personen, die disziplinarische Weisungsbefugnis haben – je mehr desto besser. Haben Sie als Projektleiter eine solche Weisungsbefugnis? Nein, haben Sie nicht. Im Klartext: Keiner nimmt Sie richtig ernst. Für das Management sind Sie ein normaler Sachbearbeiter – bestenfalls funken die über Ihren Kopf in Ihr Projekt rein. Die Mitarbeiter bekommen entweder keine Zeit für Ihr Projekt oder halten sich nicht an die Planung und arbeiten am Ziel vorbei. Mit anderen Worten, Sie als Projektleiter haben im Unternehmen keine Lobby und können sich nur auf einen verlassen – nämlich auf sich selbst! Und deshalb machen Sie es auch selbst – dann haben Sie das Projekt wieder unter Kontrolle. Sie sind weder abhängig von den Launen Ihrer Mitarbeiter noch von den Interessen des Managements. Sie sind das Projekt und niemand anders. Und sollte Ihnen dennoch mal das ein oder andere Fachwissen fehlen, dann holen Sie sich eben einen fachlichen Rat von kompetenter Stelle und machen dann wieder alleine weiter.

Die Konsequenz dieses Weges für den von mir betreuten Projektleiter? Er ist ein Fachmann auf dem Gebiet des Projekts – das ist eine gute Basis. Wir analysieren, welche Arbeiten er selbst ausführen kann und für welche Arbeiten Unterstützung notwendig ist. Natürlich soll er so viele Arbeiten wie möglich selbst ausführen. Wird also Unterstützung erforderlich, muss sich der Projektleiter entsprechend einarbeiten, um dann auch diese Arbeiten selbst durchführen zu können.

Wenn der Projektleiter zu seinem besten Mitarbeiter wird – wer leitet dann das Projekt? Insbesondere wenn der Projektleiter sehr viel vom Fach versteht, tendiert er unbewusst zu einer Rollenmetamorphose. Er will nicht nur den Plan für die Sandburg malen und aus der Vogelperspektive den Fortschritt sicher stellen – es zieht ihn förmlich hin, selbst die Förmchen in die Hand zu nehmen und kräftig mitzubauen. Nur leider ist das nicht sein Job. Weil er nicht führt, führt niemand und führungslos treibt das Projekt vor sich hin – und wird sein Ziel niemals erreichen.

So entschärfen Sie die Bombe
Machen Sie sich klar, dass Sie zwei Hüte im Schrank haben. Auf dem einen steht Projektleiter und auf dem anderen steht Mitarbeiter. Legen Sie für Ihr Projekt fest, wie viele Stunden Sie pro Woche den Projektleiter-Hut tragen müssen und wie viele Stunden Sie pro Woche den Mitarbeiter-Hut tragen dürfen. Und dann halten Sie sich diszipliniert an Ihre Regel.

Kosten: Wenn in allen Theatern der Intendant auch die Karten abrisse, den Faust und den Mephisto mimte, die Getränke verkaufte und an der Garderobe den Mantel reichte – dann hätte kein Theater Finanzprobleme. Und genauso machen Sie das in Ihrem Projekt: Pro Tag wird ein Personentag für das Projekt ausgegeben – Ihr Personentag. Billiger geht es nicht.

Qualität: Projekte sind in der Regel interdisziplinär. Unterschiedlichste Funktionen müssen ein breites Wissensspektrum abbilden, um in kreativer Teamarbeit eine Projektaufgabe zu lösen. Die Fachwelt streitet sich seit Jahren, ob nun Einzelarbeit effektiver ist oder Teamarbeit. Eines aber steht fest: Für Projekte brauchen Sie beides. Mit Einzelarbeit allein werden Sie die optimale Lösung nicht finden.

Termin: Wenn Sie wirklich der Einzige sind, der an dem Projekt arbeitet, dann wird Ihr Projekt ewig dauern. Auch wenn Sie hier und da mal zeitweise Unterstützung bekommen sollten, ändert das am Termin wenig. Sie sollten sich auf keinen Endtermin festlegen lassen, jede Terminzusage wäre gewagt.

Karriere: Dieser Weg macht Sie zum isolierten Einzelgänger. Auch wenn Sie aus der Not eine Tugend machen – Sie arbeiten losgelöst von Ihrer Organisation. Die Intensität und die Dauer dieser Projektarbeit wird Ihre Identität beeinflussen: Das Projekt sind Sie, Sie ganz alleine. Stellen Sie sich vor, das Projekt würde mal nicht mehr da sein – was wäre(n Sie) dann? Alles keine Attribute für eine Karriere.

Fazit: Wann dieser Weg Erfolg verspricht

Dieser Weg klingt in seiner Extremform eher abschreckend – in abgeschwächter Form erleben wir ihn aber tagtäglich in vielen Projekten. Ich kenne keinen Projektleiter, der ihn nicht auch schon zeitweilig gegangen wäre. Der Übergang zwischen „Führen versus Facharbeit" (siehe gleichnamiges Tool auf S. 85) ist fließend. Zu oft werden wir genötigt, Kompromisse zu schließen und als Projektleiter zumindest temporär zusätzlich die Funktion und die Arbeit eines Projektmitarbeiters zu übernehmen. Das ist so lange gut, richtig und erfolgreich, so lange es sich um kleine „Ein-Personen-Projekte" handelt oder auf Ausnahmen beschränkt bleibt, nämlich besondere Situationen, einzelne Mitarbeiter, bestimmte Sachfragen. Wird diese Ausnahme allerdings zur Regel, dann ist extreme Vorsicht geboten. Sollten Sie in Ihrem Unternehmen der einzige Projektleiter sein, der zu diesem Weg gezwungen wird, läuft für Sie etwas extrem falsch. Entweder ist Ihr Projekt das unwichtigste Vorhaben, das Ihrem Unternehmen jemals untergekommen ist oder Sie können sich nicht durchsetzen. Beides sollten Sie schnellstens ändern.

Sollten in Ihrem Unternehmen alle Projektleiter zu diesem Weg gezwungen werden, leben Sie in einer Unternehmenskultur, in der Projekte und Projektleiter keinen besonderen Stellenwert genießen. Allerdings ist in solchen Unternehmen generell von einer Laufbahn als Projektleiter abzuraten – dort gibt es nämlich keine Projektleiter, sondern nur Sachbearbeiter.

2 Der zähe Weg: Betteln gehen

Natürlich ist es nicht leicht für Sie als Projektleiter, ohne Akzeptanz des Managements und ohne verlässliche Unterstützung der Fachabteilungen ein Projekt umzusetzen. Sie könnten sich jetzt wie eine beleidigte Leberwurst in Ihre Projekthöhle zurückziehen und alleine an Ihrem Projekt herumwerkeln. Aber bringt das Sie und vor allem Ihr Projekt weiter? Sie ahnen, dass Sie das nicht durchhalten. Es muss noch einen anderen Weg geben. Im Grunde haben die Fachabteilungen doch gar nichts gegen Sie oder gegen ihr Projekt. Die haben einfach viel zu viel mit ihrem Tagesgeschäft zu tun.

Die Fachabteilungsleiter würden sich sicherlich verpflichten, Ihnen die benötigten Mitarbeiter gemäß Ihrem Terminplan zu überlassen, aber leider sind ihre Abteilungen schon voll ausgelastet – sie haben keine Mitarbeiter für Ihr Projekt. Vielleicht haben die sogar Angst vor Ihnen, Angst davor, dass Sie ihnen als Projektleiter die Macht streitig machen. Die haben jahrelang an ihrer Karriere gebastelt und sich langsam vom Sachbearbeiter über den Teamleiter und Abteilungsleiter hochgearbeitet. Und da kommen Sie als Projektleiter daher und degradieren die Fachabteilungsleiter zu Ihren internen Dienstleistern? Vielleicht zeigen sie Ihnen aus Angst vor einem Machtverlust die kalte Schulter.

Also müssen Sie reagieren. Sie kommen als Bittsteller. Macht haben Sie sowieso keine. Dann machen Sie Ihre Not eben zu Ihrer Tugend. Sie bitten und betteln, Sie kommen immer wieder, Sie bleiben den Mitarbeitern und ihren Vorgesetzten penetrant auf den Fersen und fragen die zu erledigenden Arbeitspakete an. Natürlich machen Sie das höflich und korrekt, freundlich im Ton und stets gut gelaunt – schließlich wollen Sie niemanden verschrecken. Und achten Sie auf Ihre Haltung als Bittsteller: Ein Bittsteller kann sehr eindringlich sein, ohne dass er befiehlt. Ihr Gegenüber darf sich nicht bedroht oder bedrängt fühlen – er soll nur ein schlechtes Gewissen bekommen. Dann gibt er irgendwann nach und Sie haben erreicht, was Sie wollten: Ihre Arbeitspakete werden bearbeitet.

PRO

Qualität: So richtig effizient arbeitet auch bei diesem Weg niemand außer Ihnen an Ihrem Projekt. Aber Sie gewährleisten damit, dass Ihr Projekt aus verschiedenen Fachrichtungen beleuchtet wird. Gröbere Qualitätsmängel können Sie auf diesem Weg sicherlich vermeiden. Wenn Sie es klug anstellen, organisieren Sie eine Qualitätssicherung für Ihr Projekt und reservieren die geringe Unterstützung, die Sie bekommen, für strukturierte Qualitätschecks.

CONTRA

Termin: Sie sind dem guten Willen der Fachabteilungen voll und ganz ausgeliefert. Niemand kann sagen, wann jemand wie lange an Ihrem Projekt arbeiten wird. Ihr Terminplan wird zu einem Sammelsurium von Gelegenheitsjobs und Zufällen. Steigt die Auslastung, kommt Ihr Projekt garantiert unter die Räder – alles ist wichtiger als das Projekt eines Bittstellers. Einen fixen Endtermin werden Sie so auf keinen Fall halten.

Kosten: Sie sind nach wie vor die einzige Vollzeitkraft, die dauerhaft an Ihrem Projekt arbeitet. Dennoch werden sich die vielen kleineren Aushilfsjobs anderer Personen in Ihrem Projekt mit der Zeit summieren. Das Dumme dabei ist, dass diese Art der Unterstützung alles andere als effizient ist – es müssen immer wieder neue Leute eingearbeitet werden, die immer wieder von vorne anfangen und nichts passt so richtig zusammen. Insgesamt wird das die Kosten in Ihrem Projekt in die Höhe treiben – ohne dass Sie richtig weiter kommen.

Karriere: Als Führungsperson werden Sie garantiert nicht wahrgenommen. Jeder wird Ihnen in Ihrem Projekt dazwischen funken und Sie überspringen, das heißt, den Auftraggeber und den Kunden direkt ansprechen. Sicherlich, Sie haben bewiesen, dass Sie auch unter ungünstigen Bedingungen ein Projekt „leiten" können, aber so wird das niemand interpretieren. Ihr Umfeld wird nur den Bittsteller wahrnehmen. Wichtige Projekte oder Aufgaben wird man Ihnen nicht übertragen.

Fazit: Wann dieser Weg Erfolg verspricht

Es ist weder persönlich noch beruflich erstrebenswert, dauerhaft diesen Weg zu beschreiten. Trotzdem kann dieser Weg in Maßen und unter besonderen Voraussetzungen erfolgreich sein. Gerade während organisatorischer Veränderungen, aber auch in konjunkturellen Senken geht die Unsicherheit und die Angst in Unternehmen um: Wer muss seinen Posten räumen, welche Bereiche werden geschwächt, zusammengelegt oder gar abgeschafft? Das Unternehmen begibt sich in Schockstarre. Die entstehende Atmosphäre schafft traditionell große Probleme für alle Querfunktionen, die keinen eigenen Bereich führen, sondern auf interdisziplinäre Zusammenarbeit angewiesen sind, also auch und vor allem für Projektleiter.

In solchen Situationen macht es keinen Sinn, um Befugnisse zu streiten, denn Sie sitzen am kürzeren Hebel. Dann müssen Sie schauspielern. Sie sind ja nicht Bittsteller aus Überzeugung, sondern Sie machen sich diese Rolle für Ihre Zwecke zu Nutze. Doch Vorsicht: Schlüpfen Sie rechtzeitig aus Ihrer Rolle, bevor man Sie nur noch als Bittsteller wahrnimmt. Die Zeiten werden sich wieder ändern und andere Wege ermöglichen.

3 Der mutige Weg: Befugnisse einfordern

Es kann nicht sein, dass Sie ohne Befugnisse für das Erreichen ambitionierter Projektziele verantwortlich gemacht werden. Wie sollen Sie denn ein Projekt leiten, wenn Sie nichts zu sagen haben? Das ist Projektmanagement „light": Verantwortung ja, Befugnisse nein. Für die Projekte wurden Projektleiter ernannt, die zusehen sollen, wie sie klarkommen, aber alles andere bleibt wie es ist. Nicht mit Ihnen. Jede Organisation hat vor allem den Zweck, die Machtverhältnisse zu regeln. Und Sie brauchen und wollen Macht.

Wenn Sie schon Projektleiter sein sollen, dann bitte auch richtig. Und deshalb ist Ihnen insbesondere wichtig, dass

- Sie für die Einhaltung Ihrer Termine die erforderlichen Mitarbeiter bekommen und entsprechende Ressourcenvereinbarungen eingehalten werden,
- sich Ihre Teammitglieder an die geplanten Termine, Kosten und Qualitätsanforderungen halten,
- jede Planänderung nur unter Ihrer Mitsprache erfolgt,
- Sie für die Erfüllung der Projektziele in einem entsprechenden Rahmen handlungs- und entscheidungsfähig sind.

Natürlich wissen Sie, dass alles ein frommer Wunsch bleibt, solange hierzu keine schriftliche Vereinbarung vorliegt, z. B. in Form einer Rollenbeschreibung (siehe hierzu die Tools „Rollenbeschreibungen Projektleiter" und „Teilprojektleiter" auf S. 83 und 84). Und sollte es trotzdem zu nachhaltigen Störungen bei diesen wichtigen Punkten kommen, werden Sie sofort Ihren Auftraggeber bzw. Ihren Vorgesetzten ansprechen und die Störung eskalieren. Denn wehret den Anfängen: Wenn Ihre Autorität erst einmal untergraben ist, wird es Nachahmer geben und schneller, als Ihnen lieb ist, laufen Sie den Ereignissen chancenlos hinterher.

Dieser Weg ist für den Projektleiter im Ausgangsfall die Flucht nach vorne. Er stellt die Konsequenzen seiner Probleme für die Sachziele, den Termin und die Kosten des Projekts dar und konfrontiert seinen Auftraggeber damit. Natürlich hat er für das Problem auch gleich einen Lösungsvorschlag in der Tasche. Er braucht Handlungsspielraum – und den hat er in einer Rollenbeschreibung für die Funktion des Projektleiters fixiert. Darüber hinaus hat er eine Rollenbeschreibung für die Teilprojektleiter formuliert, damit auch die Teammitglieder ihre Aufgaben und Befugnisse kennen. Wenn diese Rollenbeschreibungen verabschiedet und kommuniziert werden, kann er als Projektleiter die Verantwortung für die Projektziele tragen. Andernfalls sieht er diese mit Hinweis auf die Darstellung der Problemsituation als unrealistisch an. Er muss also seinen Auftraggeber dazu bewegen, sinnvolle Rollenbeschreibungen für die Funktion von Projekt- und Teilprojektleitern mit den Vorgesetzten der Teammitglieder zu vereinbaren. Ideal wäre es, wenn ein hochrangiger Managementvertreter den Handlungsspielraum des Projektleiters mit den relevanten Fachbereichsleitern abspricht und diese das Ergebnis an ihre Mitarbeiter kommunizieren. Das wäre die Garantie dafür, dass die Befugnisse eines Projektleiters auch im Alltag ankommen.

 VORSICHT BOMBE!

Sie wollen Macht – damit Sie gemäß Ihrer Funktion agieren können. Das ist legitim. Aber Vorsicht: Ihre Umgebung kann auf Ihren Machtanspruch skeptisch, bisweilen aggressiv reagieren. In kleineren Unternehmen gibt es häufig einen mächtigen Herrscher und viel Fußvolk – wenn Sie also bislang Gleicher unter Gleichen waren und sich nun auf ein Podest stellen, kann das viel Unruhe bringen. In größeren Unternehmen sind die Strukturen eher starr. Hier könnte man Ihnen gar Revolution andichten und aus wäre es mit der Karriere.

So entschärfen Sie die Bombe
Ihre Waffe heißt Aufklärung: Betreiben Sie intensives Marketing und Lobbying für Ihre Sache. Es darf nicht der geringste Verdacht entstehen, Ihnen würde es nur um Ihr persönliches Machtbedürfnis gehen. Sie müssen stets betonen, dass es Ihnen um den Erfolg des Projekts im Sinne des Unternehmens geht. Sie persönlich könnten auch ohne Befugnisse auskommen, aber das Projekt auf keinen Fall.

Termin: Mit ausreichenden Befugnissen können Sie Ihre Mitarbeiter so einsetzen, dass Ihr Projekt auf den Endtermin zusteuert. Sie haben nicht nur die Verantwortung sondern auch die Mittel, Ihr Projekt auf Kurs zu bringen und die Ihnen zur Verfügung stehenden Ressourcen entsprechend einzuteilen.

Qualität: Jetzt haben Sie, was Sie wollten. Ein interdisziplinäres Projektteam unter Ihrer Führung. Wenn Sie es schaffen, diesen bunten Haufen zu einem erfolgreichen Team zu formen und eine funktionierende Qualitätssicherung zu installieren, werden Sie die bestmögliche Qualität in Ihrem Projekt erreichen.

Karriere: Wer Mitarbeiter führt, ist Führungskraft. Obwohl Sie keine Weisungsbefugnis haben, führen Sie Mitarbeiter. Man wird Sie diesbezüglich beobachten – von unten, von der Seite und von oben. Wenn es Ihnen gelingt, diese Führungsrolle überzeugend auszufüllen, sind weitere Karriereschritte für Sie vorprogrammiert.

Fazit: Wann dieser Weg Erfolg verspricht

Neben einer mangelhaften Auftragsklärung ist der fehlende Handlungsspielraum des Projektleiters eine der Hauptursachen für das Scheitern von Projekten. Führungskräfte in der Linie haben den Vorteil, dass sie mit ihrer Funktion die entsprechenden Befugnisse erhalten. Der Karriereweg im Projektmanagement ist härter: Projektleiter müssen sich ihre Befugnisse häufig erst erarbeiten – und aktiv einfordern. Erfahrene Projektleiter können ohne Befugnisse führen – sie beweisen täglich aufs Neue, dass Autorität nicht nur mit formellen Befugnissen zu tun hat, sondern auch mit methodischer Kompetenz und Menschenkenntnis. Aber auch diese Projektleiter haben über weite Strecken ihres beruflichen Werdegangs Befugnisse gebraucht und sie auch bekommen. Es scheint zum normalen Karriereweg eines Projektleiters zu gehören, sich die benötigten Befugnisse erst erobern zu müssen, um sie ab dann immer wieder neu zu verteidigen.

In all den Jahren, die ich mich inzwischen mit Projektmanagement beschäftige, ist eine Erfahrung mein ständiger Begleiter: Die Linie mag keine Projekte. Selbst in Unternehmen, in denen Projektarbeit die selbsterklärte Daseinsberechtigung der Linie darstellt, existieren noch Abteilungsfürsten, die einen Projektleiter nicht als internen Kunden, sondern als Störquelle ansehen oder ihn unbewusst als solche behandeln. Das macht es Projektleitern selbst in einer Matrixorganisation (siehe S. 87) schwer, ihre Projekte wirklich zu leiten. Wenn zahlreiche Studien mit ihrer Behauptung Recht behalten, dass Projektarbeit in den kommenden Jahren an Bedeutung zunehmen wird, dann werden Unternehmen im Vorteil sein, die Projekte erfolgreich in ihre Linie integrieren können. Natürlich wird das nicht von heute auf morgen gehen, sondern kann mitunter jahrelang dauern. Dieser Prozess bedarf aber einer kontinuierlich wirkenden Kraft: Projektleiter, die ihre Befugnisse einfordern – auf dem Weg zu eigenem Handlungsspielraum, zu projekt- und somit kundenorientierten Strukturen und Einstellungen.

Im Klartext heißt das, dass dieser Weg eine Hauptstraße für Sie ist, wenn Sie Projektleiter werden wollen. Es wird zu Ihrer Profession, für Ihr Projekt auf die Barrikaden zu gehen – auch über Linien- und Hierarchiegrenzen hinweg. Sie werden sich gegenüber anderen Führungskräften emanzipieren müssen. Von organisatorischen Umbruchsituationen und wirtschaftlich schwierigen Zeiten abgesehen, liegt auf diesem Weg Ihr Werdegang als Projektleiter.

Mein Weg: Befugnisse einfordern – so bin ich vorgegangen

Ich hatte aus voller Überzeugung dem von mir betreuten Projektleiter geraten, seinen erforderlichen Handlungsspielraum zu beschreiben. Er erstellte eine Rollenbeschreibung (siehe Tool auf S. 83), die im Großen und Ganzen dem Projektmanagement-Standard entsprach. Wir wollten darüber hinaus eine Prognose für das Projekt unter der Annahme erstellen, dass alles unverändert bliebe. Nach meiner Einschätzung würde das Projekt das gewünschte Ziel niemals erreichen. Er teilte diese Einschätzung nicht. Er als Fachmann könnte sich vorstellen, das Projekt als Ein-Personen-Projekt weiterzuführen – für die wenigen Dinge, die einer Unterstützung durch andere Fachbereiche bedurften, würde er schon Ansprechpartner finden. Dabei blieb es. Er war fest entschlossen, den Termin zu halten und das Projekt in Eigenleistung fertigzustellen. Es war nicht seine Sache, über Befugnisse zu debattieren – er wollte inhaltlich arbeiten und damit das Projekt voran bringen. So gingen wir auseinander.

Was aus dem Projekt wurde? Nachdem der Projektleiter monatelang inhaltliche Details zusammengestellt hatte, sollte er einen Zwischenbericht abgeben. Es gab keinen aktuellen Plan, keinen genauen Status, keine Prognose, nur zahllose inhaltliche Konzepte. Daraufhin wurde das Projekt abgebrochen. Der Projektleiter arbeitete danach wieder als Ingenieur in seiner vorigen Fachabteilung. Er war zufrieden, wieder die Rolle wahrzunehmen, in der er sich wohl fühlte. Das Projekt wurde neu gestartet, mit einem neuen Projektleiter mit eigenem Team. Ich hatte mit meiner Einschätzung zwar Recht behalten, aber auch der ehemalige Projektleiter hatte seinen Anteil an der Weiterentwicklung von Projektmanagement im Unternehmen: Die größten Entwicklungsschritte machen Unternehmen meistens nach Katastrophen. Der zweite Versuch f fand unter anderen Rahmenbedingungen statt und endete erfolgreich. Im Grunde hatte das Projekt auch für den ehemaligen Projektleiter positive Konsequenzen: Durch sein Scheitern wurde ihm eine Rolle abgenommen, die nicht die seine war. Führen heißt auch, die richtigen Leute an den richtigen Platz zu bringen, das hatte das Management hier erkannt.

KLARTEXT: BUFUGNISSE UND VERANTWORTLICHKEITEN UNKLAR

1 Machen Sie sich klar, dass die Linie keine Projekte mag! Projekte halten nur vom Tagesgeschäft ab und rütteln an bestehenden Machtverhältnissen.

2 Bestehen Sie auf einer Klärung: Ohne eindeutige Vereinbarungen über Befugnisse und Zuständigkeiten zwischen Linie und Projekt ist keine Projektleitung möglich.

3 Schauen Sie sich Ihr Unternehmen an: Welche Rolle können Sie als Projektleiter spielen und welche nicht? Machen Sie einen Kultur-Check (siehe Tool S. 85)

4 Verhandeln Sie Ihren Handlungsspielraum mit Ihrem Auftraggeber und mit den Vorgesetzten Ihrer Teammitglieder. Sorgen Sie dafür, dass jeder weiß, was Sie dürfen.

5 Leiten Sie das Projekt! Hüten Sie sich davor, Ihr bester Sachbearbeiter zu werden.

Diese Tools brauchen Sie

@ NÜTZLICHE TOOLS

Tool	Beschreibung, Stärken/Schwächen	Aufwand Nutzen
Projektstrukturplan (PSP) ⬇	Methode zur Strukturierung des Projekts. Einfache Handhabung und übersichtliche Darstellung. Sollte auf einer Pinnwand erarbeitet und später in eine Präsentationssoftware übertragen werden.	•• ★★★★★
Arbeitspaket- beschreibung ⬇	Formblatt für das Fixieren und Vereinbaren der Eckdaten eines Arbeitspakets. Gut strukturierte Standardvorlage. Erleichtert die Delegation. Besonderheiten des Projekts müssen ergänzt werden. Sollte mit Hilfe einer Textverarbeitungssoftware erstellt werden.	••• ★★★★
Mind Mapping	Kreativitätstechnik. Einfach und akzeptiert in der Anwendung. Bedarf geeigneter Moderationsausstattung (Flip-Chart, Pinnwände, Metaplankarten etc.) oder geeigneter Software: MindManager.	• ★★★★
DOW (Division of Work) ⬇	Aufführen der Bestandteile des Projektumfangs bzw. der Liefer- und Leistungsanteile. Gut strukturiertes und gemeinhin akzeptiertes Format. Tabellenkalkulationssoftware erforderlich.	•• ★★★★★
Meilensteine	Methode zur Sicherung von Zwischenergebnissen. Gibt dem Terminplan Struktur. Gute Möglichkeit der Qualitätssicherung. Benötigt Software: MS Project, Primavera, Artemis oder Freeware.	• ★★★★
Methode des kritischen Pfads	Methode zur Identifikation des kritischen Pfades in einem Netzplan. Standard im Projektmanagement. Benötigt Softwareunterstützung: MS Project, Primavera, Artemis oder Freeware.	••• ★★★★★

Tool	Beschreibung, Stärken/Schwächen	Aufwand Nutzen
Rollenbeschreibung Projektleiter	Format zur Darstellung der Aufgaben und Befugnisse des Projektleiters. Kompakte und strukturierte Darstellungsform. Anspruchsvoll in der Umsetzung.	•• ★★★★★
Rollenbeschreibung Teilprojektleiter	Format zur Darstellung der Aufgaben und Befugnisse des Teilprojektleiters. Kompakte und strukturierte Darstellungsform. Anspruchsvoll in der Umsetzung.	•• ★★★★
Führen versus Facharbeit	Denkanstoß zur bewussten Aufteilung der Kapazität eines Projektleiters. Verständlich und einfach in der Handhabung. Nicht immer direkt im eigenen Umfeld umsetzbar.	• ★★★★
Kultur-Check	Fragenkatalog zur Standortbestimmung der Unternehmenskultur. Einfache Handhabung und strukturierter Leitfaden. Muss um spezifische Aspekte ergänzt werden.	• ★★★★
Matrixorganisation	Modell für die organisatorische Integration von Projekten in die Linienorganisation. Guter Kompromiss. Theoretisch logisch, aber anspruchsvoll für alle Beteiligten.	•••• ★★★★★

Die mit dem Icon ⊙ gekennzeichneten Tools können Sie im Internet unter www.projektmagazin.de/klartext abrufen.

Die besten Tools – wie Sie funktionieren

Projektstrukturplan (PSP) ⊙

Das Projekt wird top-down (vom Groben zum Feinen) in seine Einzelteile zerlegt, um den Umfang und die inhaltlichen Zugehörigkeiten des Projekts zu beschreiben. Auf der untersten Gliederungsebene liegen die Arbeitspakete als kleinste Struktureinheit. Die Projektstruktur kann dabei nach physischem

Aufbau (objektorientiert), nach Funktionen (funktionsorientiert) oder nach Ablauf (phasenorientiert) gegliedert werden. Die meisten PSP sind entsprechende Mischformen.

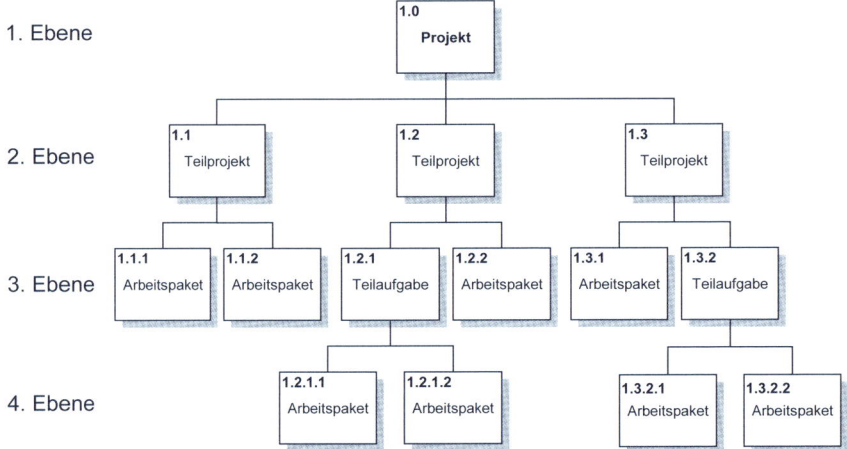

Abbildung: Projektstrukturplan

Arbeitspaketbeschreibung ⬇

Ein Arbeitspaket ist die kleinste, klar abgegrenzte Aufgabeneinheit. Ein Arbeitspaket ist ein Paket von konkreten Aktivitäten, das einem Verantwortlichen zugeordnet werden kann. Das Arbeitspaket an sich ist keine Aktivität, sondern bündelt bestimmte Aktivitäten unter einem Oberbegriff. Nach DIN 69901 ist ein Arbeitspaket ein Teil des Projekts, der im Projektstrukturplan nicht weiter aufgegliedert ist und auf einer beliebigen Gliederungsebene liegen kann. Da Arbeitspakete in der Regel an einzelne Verantwortliche delegiert werden, sollte jedes Arbeitspaket im Sinne einer Auftragsklärung eindeutig beschrieben werden. Wichtige Aspekte sind dabei Ziele, Endprodukt, Start und Ende, Budget, Qualitätsstandards und Ausschlüsse (die beschreiben, was nicht Gegenstand des Projekts ist). Beispiele für Arbeitspakete sind „Konstruktion Maschine XYZ, Montage Stahlbau Gebäude ABC, Entwicklung Außenspiegel links. Inhalte einer Arbeitspaketbeschreibung:

- Inhalte
- Umfang

- Ziele
- Zweck
- Stakeholder
- Erfolgskriterien
- Endprodukt
- Kriterien für die Forschrittsmessung
- Qualitätsstandard
- Budget/Kosten
- Starttermin
- Endtermin
- Verantwortung
- Schnittstellen
- Ausschlüsse

Mind Mapping

In der Mitte eines leeren Blatts (Querformat) wird der Projektname notiert. Ausgehend von diesem Zentrum wachsen Äste in alle Richtungen. Jeder Ast entspricht einem Teilprojekt, und die von den Ästen weiterführenden Zweige stellen Verfeinerungen der Teilprojekte dar. Es entsteht eine vernetzte Ideenkarte, die sich direkt in einen PSP umwandeln lässt.

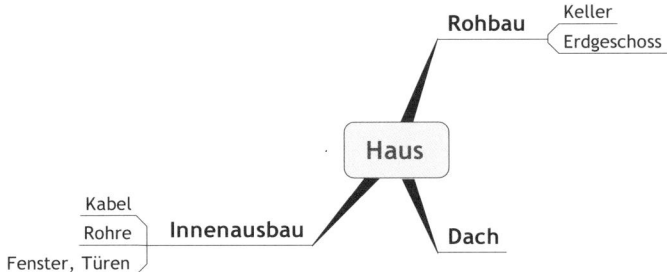

Abbildung: Beispiel für Mind Map

DOW (Division of Work)

Auflisten des kompletten Liefer- und Leistungsumfangs eines Projekts inklusive der Schnittstellen zu Dritten in tabellarischer Form.

Meilensteine

Ein Meilenstein kennzeichnet ein für das Projekt wichtiges Ereignis, das zu einem definierten Termin eintritt. Nach DIN 69900 ist ein Meilenstein ein Ereignis besonderer Bedeutung. Beispiele: Erreichen eines Teilziels, Abschluss einer Phase, Teilabnahme, Durchführen eines Reviews. Auch Projektanfang und -ende sind typische Meilensteine. Meilensteine strukturieren den Projektablauf in handhabbare Phasen, sind Zeitpunkte und haben theoretisch keine Dauer. In der Praxis hat ein Meilenstein zumindest die Dauer eines Review- oder Gate-Meetings. Für jeden Meilenstein empfiehlt sich die Erstellung einer individuellen Checkliste, in der alle zu erfüllenden Voraussetzungen für ein Passieren des Meilensteins beschrieben und vereinbart sind.

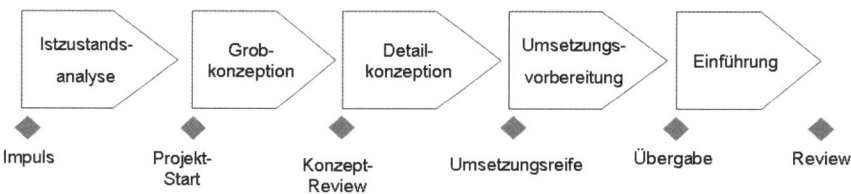

Phase	Istzustands-analyse	Grobkonzeption	Detail-konzeption	Umsetzungs-vorbereitung	Einführung
Ergeb-nis	Ausgangssituation und Zielvorstellung geklärt, Problembewusstsein ist vorhanden	Grobkonzept liegt vor, Alternativen/Varianten wurden bewertet	Konzept für das inhaltliche Erfüllen der Zielvorstellung liegt vollständig vor und wurde freigegeben	Alle Voraussetzungen zur Einführung erfüllt	Einführung abgeschlossen, Anwendungsbetreuung belastbar

Abbildung: Phasen und Meilensteine für Projekte

Methode des Kritischen Pfads (Critical Path Method)

Alle Vorgänge werden in einem Netzplan gemäß ihrer logischen Zusammenhänge miteinander verknüpft. Durch eine Vorwärts- und Rückwärtsterminierung wird der kritische Pfad ermittelt. Auf dem kritischen Pfad folgen alle Aktivitäten und Meilensteine ohne zeitliche Reserven aufeinander. Kritische Aktivitäten sind dadurch erkennbar, dass ihre frühesten und spätesten Anfangs- und Endzeitpunkte identisch sind. Auf dem kritischen Pfad führt die

Verzögerung einer einzigen Aktivität zu einer entsprechenden Verzögerung des Endtermins des Projekts. Eine gute Metapher für den kritischen Pfad ist der Dominoeffekt. Das Fallen eines jeden Dominosteins hat Auswirkung auf den letzten Stein der Kette.

Rollenbeschreibung Projektleiter

Der Projektleiter hat die Entscheidungsbefugnis über das Projekt und die Weisungsbefugnis über alle Mitarbeiter des Projekts.

Aufgaben	Befugnisse
■ Belastbare Auftragsklärung ■ Klären der eigenen Befugnisse ■ Erreichen der Projektziele ■ Analyse der Auftragsunterlagen ■ Zusammensetzung des Teams empfehlen ■ Beschreiben von Arbeitspaketen ■ Führen, Koordinieren des Projektteams ■ Steuern der Schnittstellen und der Zusammenarbeit ■ Eskalationen initiieren und verfolgen ■ Planen und Überwachen der Termine, Qualität, Risiken, Kosten ■ Planen und Einfordern der benötigten Mittel, z. B. Personal, Budget ■ Verfolgen von Risiken, Änderungen, Zahlungseingängen, Claims ■ Projektteammeetings organisieren ■ Begleiten von Konfliktfällen ■ Reviews initiieren ■ Statusberichte erstellen, versenden ■ Entscheidungen und Freigaben einfordern	■ Akzeptieren oder Ablehnen des Projektauftrags ■ Änderungen des Projektauftrags initiieren (sofern erforderlich) ■ Abbruch des Projekts initiieren (sofern erforderlich) ■ Delegieren von Arbeitspaketen ■ Steuerungsmaßnahmen im Rahmen der Vorgaben des Projektauftrags ■ Freigabe von Bestellungen, Reiseanträgen, Stundenzetteln, Rechnungen, die das Projekt betreffen ■ Kommunikation mit Auftraggeber und Kunden ■ Weisungsbefugnis im Rahmen des Projekts ggü. allen Projektmitarbeitern ■ Entscheidungen und Freigaben

Rollenbeschreibung Teilprojektleiter

Der Teilprojektleiter ist verantwortlich für das Erreichen der Ziele des Teilprojekts mit Entscheidungsbefugnis im Rahmen des Teilprojekts und Weisungsbefugnis über die Mitarbeiter im Teilprojekt. Er ist Mitglied im Projektteam.

Aufgaben	Befugnisse
■ Sicherstellen der fachgerechten Ausführung des Teilprojekts ■ Erreichen der Ziele des Teilprojekts ■ Analyse der Auftragsunterlagen ■ Steuern der Schnittstellen zu anderen Teilprojekten ■ Planen und Überwachen der Termine, Qualität und Kosten ■ Planen und Einfordern der benötigten Mittel, z. B. Personal, Budget ■ Empfehlung für die Benennung der Projektmitarbeiter aussprechen ■ Führen, Koordinieren der Projektmitarbeiter des Teilprojekts ■ Verfolgen von Risiken, Änderungen, Claims bezüglich des Teilprojekts ■ Begleiten von Konfliktfällen ■ Reviews initiieren und durchführen ■ Eskalationen, Änderungen, Abweichungen melden ■ Teilnahme an Projektteammeetings ■ Statusberichte des Teilprojekts verfassen und mit dem Projektleiter durchsprechen ■ Entscheidungen und Freigaben einfordern	■ Steuerungsmaßnahmen im Rahmen der Vorgaben des Teilprojekts ■ Freigabe von Bestellungen, Reiseanträgen, Stundenzetteln, Rechnungen, die das Teilprojekt betreffen ■ Weisungsbefugnis im Rahmen des Teilprojekts gegenüber den Mitarbeitern des Teilprojekts ■ Entscheidungen und Freigaben

Führen versus Facharbeit

Das fragt sich jeder Projektleiter: Wie viel muss ich führen und wie viel Facharbeit darf ich leisten? Leider gibt es keine allgemeingültige Antwort – aber es gibt einen Denkanstoß. Beurteilen Sie zu jedem Wochenbeginn die Situation Ihres Projekts und schließen Sie einen Vertrag mit sich selbst:

- Wie viel Führung braucht mein Projekt bzw. mein Team gerade und wie viel Zeit bleibt für Facharbeit übrig? Orientieren Sie sich dabei an Ihrer Wochenkapazität in Stunden.
- Führen bedeutet, andere erfolgreich zu machen: Was braucht Ihr Team, um mit Ihrem Projekt Erfolg zu haben?

Sehen Sie Ihr Projekt als ein Auto an, das mit hoher Geschwindigkeit auf der linken Autobahnspur in Richtung Ziel rast. Wenn Sie nicht am Steuer sitzen, rast Ihr Auto führungslos dahin. Das geht für kurze Zeit – aber nicht lange und nur wohlüberlegt.

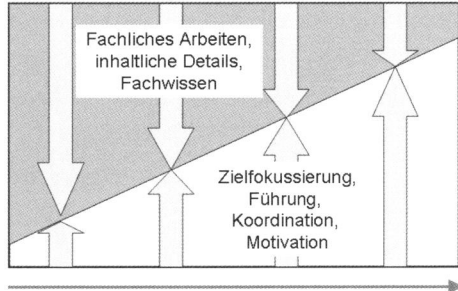

Abbildung: Wie viel „Projektleiter" braucht mein Projekt?

Kultur-Check

Beratungsunternehmen verfügen über Checklisten zur Überprüfung und Einstufung der Firmenkultur eines Kunden. In einer Firmenkultur werden Regeln und Werte gelebt, die Projekte und Projektarbeit fördern oder behindern können. Eine Firmenkultur ist sozusagen das Wasser, in der ein Projekt schwimmen soll. Die für Projektleiter dabei relevante Frage lautet: Wie hoch ist der Reifegrad von Projektmanagement im Unternehmen bzw. wie projekt- und prozessorientiert ist ein Unternehmen?

Die folgende Checkliste enthält zahlreiche Fragen, die Sie zur Selbsteinschätzung Ihrer Firmenkultur anwenden können. Anhand Ihrer Antworten gewinnen Sie ein Bild des Stellenwerts von Projektmanagement in Ihrem Unternehmen und haben einen Anhaltspunkt für Ihren Handlungsspielraum und für Verbesserungen.

Kultur-Checkliste
■ Wie viel Prozent von Umsatz und Gewinn wird in Ihrem Unternehmen im Durchschnitt durch Projektarbeit beeinflusst?
■ Wie viel Prozent der Belegschaft Ihres Unternehmens arbeiten durchschnittlich in Projekten?
■ Gibt es in Ihrem Unternehmen die Funktion eines Projektleiters?
■ Gibt es für die Funktion des Projektleiters eine offizielle Stellenbeschreibung?
■ Hat der Projektleiter Befugnisse (Bestellungen, Dienstleistungen, Einstellungen, Urlaubsanträge, Reiseanträge)?
■ Kann der Projektleiter die Zusammensetzung seines Teams beeinflussen?
■ Kann der Projektleiter Prozesse beeinflussen (der Produktentstehung, der Zusammenarbeit, von Entscheidungen)?
■ Welche Entscheidungen kann der Projektleiter selbst treffen – welche nicht?
■ Kann der Projektleiter Termine, Qualität und Kosten von Projekten direkt beeinflussen?
■ Hat der Projektleiter ein Mitspracherecht bei Mitarbeitergesprächen?
■ Kann der Projektleiter direkt mit seinen Mitarbeitern zusammenarbeiten oder wird der Fachvorgesetzte eingebunden bzw. informiert?
■ Stehen dem Projektleiter gesonderte Räumlichkeiten für sich und seine Teammitglieder zur Verfügung?

■ Erkennt das Management einen Projektleiter als Führungskraft an?
■ Erkennen Mitarbeiter einen Projektleiter als Führungskraft an?
■ Gibt es einen Karriereweg im Projektmanagement (Weiterbildung, Rollenbeschreibungen verschiedener Funktionen, unterschiedliche Qualifikationsebenen, Gehaltsentwicklung)?
■ Wie ist der Stellenwert von Projektarbeit bei den Mitarbeitern (große Bereitschaft, neutral, müssen aktiv motiviert werden, vermeiden Projektarbeit)?
■ Werden Konflikte eher im Team gelöst oder wird häufig an Vorgesetzte eskaliert?

Matrixorganisation

Linie und Projekt haben grundsätzlich verschiedene Aufgaben und Interessen. Während die Linie die Fach- und Funktionsverantwortung hierarchisch organisiert, sind Projekte im Sinne der Projektziele auf den Prozess der Zusammenarbeit unterschiedlicher Funktionen angewiesen – quer zur Linienstruktur.

Linien- / Funktionsorientierung   Projekt- / Prozessorientierung

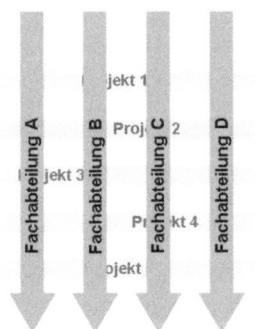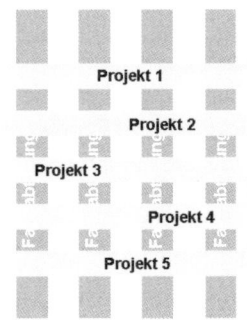

Abbildung: Linien- versus Projektorganisation

Linienorganisation = feste, unbefristete Organisation	Projektorganisation = befristete Organisation
Fach- / Funktionsverantwortung	Prozessverantwortung
Verrichtung einer klar abgegrenzten fachspezifischen Aufgabe	Erfüllen des Projektauftrags bzw. Vertrages von der Spezifikation (Technik, Qualität, Termine, Budget) bis zur Übergabe an den Kunden (Kundenzufriedenheit)
Disziplinarische Führung wahrnehmen und fachliche Erfahrung einbringen	Erstellen und Verfolgen der Projektpläne (PSP, Terminplan, Kosten, Risiken)
Prozesse, Richtlinien, Werkzeuge und Standards festlegen	Durchführung aller projektspezifischen Aktivitäten über alle Abteilungen hinweg
Optimale Ressourcennutzung	alle Aufgaben termingerecht fertig stellen
Abteilungsbudgets steuern	effiziente Kommunikation und Koordination innerhalb des Projekts
geeignetes Personal einstellen und schulen	Identifizieren und Lösen von Problemen im Projekt
Beurteilungsgespräche in Zusammenarbeit mit Projektleitern durchführen	

Übersicht: Linien- versus Projektorganisation

Die Matrix-Projektorganisation stellt einen Kompromiss im Sinne einer Gewaltenteilung zwischen Linie und Projekt dar. Alle Projektmitarbeiter bleiben ihren Linienvorgesetzten disziplinarisch unterstellt, werden jedoch für die Dauer des Projekts an das Projekt „verliehen". Da der Linienvorgesetzte bzw. die Fachabteilung die entsprechende Fachkompetenz repräsentiert, bleibt die Verantwortung für das Wie der Projektbearbeitung in der Fachabteilung. Der Projektleiter nimmt die projektspezifische Entscheidungs- und Weisungsbefugnis wahr. Er trägt die Verantwortung für das „Was" und „Wann" der Projektbearbeitung. Diese Verantwortungsverteilung bedarf einer einvernehmlichen Klärung und Vereinbarung aller Arbeitspakete vor Projektstart. Alle Mitarbeiter sind während des Einsatzes im Projekt gleichzeitig zwei Vorgesetzten, Projekt- und Fachabteilungsleiter, unterstellt. Ein Mitarbeiter ist oft für mehrere Projekte gleichzeitig anteilig tätig und somit neben seinem Fachabteilungsleiter mehreren Projektleitern unterstellt.

3 Verbündete schaffen

Ein gutes Projekt braucht Verbündete. Wer Projekte erfolgreich gestalten und beenden will, muss auf die beteiligten Menschen zugehen und sie zu Weggefährten machen. Die raue Wirklichkeit sieht oft so aus: Die Linie mag keine Projekte, das Projektteam sieht das Projekt kritisch, die Zielgruppe fühlt sich überfahren von den Vorstellungen des Auftraggebers. Sie als Projektleiter stehen zwischen diesen Fronten.

Typische Situationen sind z. B.:

- Die Stakeholder fühlen sich nicht genügend in das Projekt einbezogen und sehen ihre Interessen nicht gewahrt. Es gibt die unterschiedlichsten Interessen, die alle unter einen Hut gebracht werden sollen.

- Das Team sieht sich nicht als Team, sondern als Zwangsgemeinschaft und ist entsprechend demotiviert.

- Das Management setzt Rahmenbedingungen, unter denen das Projekt mit den zur Verfügung stehenden Ressourcen nicht machbar ist.

Auf den folgenden Seiten finden Sie Lösungsmöglichkeiten für diese Herausforderungen.

Ihre Stakeholder – wie Sie Betroffene zu Beteiligten machen

» DAS SZENARIO

Jede unserer Abteilungen nutzte eine eigene Software für die Terminplanung – daher gab es in jedem Projekt unterschiedliche Terminpläne. Natürlich war diese Situation unbefriedigend. Es gab keinen terminlichen Überblick in den Projekten, was zu Missverständnissen und Verzögerungen führte. Mein Vorgesetzter war Leiter einer der betroffenen Abteilungen und beauftragte mich, eine übergreifende Software-Lösung zu finden. Er stellte vor allem seine Anforderungen an die Software. Nach einigen Wochen stand die erste Version eines Lastenhefts für die Software-Lösung. Mein Vorgesetzter war begeistert und bat mich, das Lastenheft in einer abteilungsübergreifenden Sitzung vorzustellen. Es war ein Desaster. Die Vertreter anderer Abteilungen zerrissen unser Lastenheft in der Luft. Es entspräche nicht ihren Vorstellungen von einer geeigneten Software-Lösung. Was nun?

Wege zur Lösung

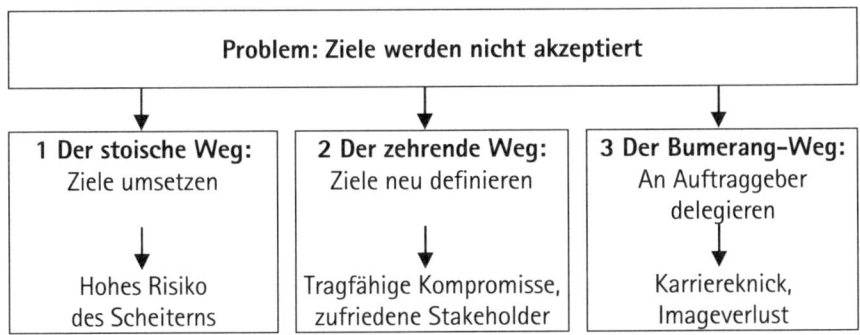

Problem: Ziele werden nicht akzeptiert		
1 Der stoische Weg: Ziele umsetzen	**2 Der zehrende Weg:** Ziele neu definieren	**3 Der Bumerang-Weg:** An Auftraggeber delegieren
Hohes Risiko des Scheiterns	Tragfähige Kompromisse, zufriedene Stakeholder	Karriereknick, Imageverlust

1 Der stoische Weg: Ziele umsetzen

Aus Ihrer Sicht ist alles ganz einfach. Ihr Auftraggeber hat Ihnen einen Auftrag erteilt, Sie haben mit ihm die Ziele geklärt und ein Konzept vorgelegt, das er freigegeben hat. Diese Ziele können und müssen mit diesem Konzept umgesetzt werden. Nichts anderes erwartet Ihr Auftraggeber jetzt von Ihnen. Wie stehen Sie denn sonst da? Es gibt immer Personen und Gründe, die gegen etwas sprechen. Na und? Wenn Sie sich jetzt auf die Einwände Dritter einlassen, sind alle bisherigen Arbeiten und Absprachen dahin – dann können Sie wieder ganz von vorne anfangen. Außerdem geht es gar nicht anders. Alle Anforderungen werden Sie nicht unter einen Hut bringen, und Ihr Auftraggeber geht vor. Der wird alles andere als erfreut sein, wenn Sie jetzt Zeit mit weiteren Abfragen, Gegenüberstellungen und Abwägungen verlieren. Ihm sind seine Zielvorstellungen wichtig – jede zusätzliche oder anderweitige Zielvorstellung würde seine Anforderungen verwässern. Das kann und wird nicht in seinem Interesse sein – und deshalb auch nicht in Ihrem. Natürlich ist Ihnen klar, dass die anderen ihre Meinung nicht ändern werden, im Gegenteil. Von denen können Sie keine Akzeptanz oder Unterstützung erwarten. Deshalb verfolgen Sie diese Strategie:

- Das Projekt beschränkt sich auf den eigenen Bereich bzw. auf den Bereich, den Ihr Auftraggeber kontrollieren kann.
- Sie legen sich genügend Argumente zurecht, warum das Projekt genau diese Ziele verfolgen muss und keine anderen.
- Sie halten Dritte konsequent von dem Projekt fern: Informationen, Konzepte, Pläne, Beschlüsse dürfen nicht nach außen gelangen.
- Sie achten auf einen engen Schulterschluss mit Ihrem Auftraggeber – er ist Ihr Schutzschild, wenn andere das Projekt kritisieren sollten.

Im Klartext heißt das, dass Sie an den Zielen festhalten und das Projekt weiter in diese Richtung treiben, auch wenn andere Abteilungen die Ziele nicht akzeptieren. Was bedeutet das für mich und mein Software-Projekt im Szenario? Ich muss mich mit meinem Auftraggeber besprechen: Wie gehen wir mit der Reaktion auf das Lastenheft um? Meine Position muss ich deutlich zum Ausdruck bringen: Wir dürfen uns nicht von den Zielen abbringen lassen. Jeder Kompromiss wäre ein Verlust. Deshalb geht es insbesondere darum, wie wir die Ziele trotzdem umsetzen. Wir definieren den Geltungsbereich der Software neu und erstellen einen Termin- und Ressourcenplan (siehe S. 43 und S. 45) für die Umsetzung des Konzepts. Mit einem Stakeholder-Portfolio (siehe S. 38) und einem Risiken-Portfolio (siehe S. 46) verschaffen wir uns Transparenz über die Situation: Wen müssen wir aus dem Projekt raushalten und wen brauchen wir für das Projekt?

 VORSICHT BOMBE!

Sie reduzieren den Geltungsbereich des Projekts auf den Anteil, der von Ihrem Auftraggeber kontrolliert wird. So weit so gut. Aber hat Ihr Auftraggeber vielleicht auch einen Auftraggeber, der in der Hierarchie weiter oben angesiedelt ist? Ist das der Fall, dann wird dieser kaum an einer Einschränkung des Geltungsbereichs interessiert sein. Im Gegenteil: Er hat den Blick für das Ganze und wird empfindlich auf ein drohendes Teiloptimum reagieren, wenn es nicht dem großen Ganzen dient.

So entschärfen Sie die Bombe
Sie wollen verhindern, dass Ihre Kritiker den Weg über das Management nehmen und Sie sich schließlich doch noch mit den Anforderungen Dritter auseinandersetzen müssen. Sie brauchen also einen Fürsprecher von oben – und zwar, bevor es Ärger gibt. Fragen Sie Ihren Auftraggeber, welche ranghohe Führungsperson Ihrem Projekt Rückendeckung geben könnte. Wer ist mächtig genug, Ihr Vorgehen zu legitimieren und andere Meinungen im Zaum zu halten? Diese Person müssen Sie oder Ihr Auftraggeber ansprechen und von Ihrem Weg überzeugen.

 PRO

Termin: Sie verhindern eine zeitaufwändige Überarbeitung oder gar Neudefinition der Projektziele. Es würde unzählige Runden kosten, die Anforderungen aller Beteiligten aufzunehmen, einander gegenüber zu stellen, zu bewerten und auszuloten. Diese Runden ersparen Sie sich, dem Projekt und Ihrem Auftraggeber.

Karriere: Sie setzen sich für die Ziele Ihres Auftraggebers ein – auch gegen massive Widerstände. Das wird natürlich nicht unbemerkt bleiben. Er wird Sie als loyalen und kompetenten Mitarbeiter wahrnehmen, der auch in turbulenten Zeiten zu seinem Vorgesetzten steht. Unter seiner Führung haben Sie Aufstiegschancen. Als externer Berater können Sie hier bei Ihrem Auftraggeber punkten – gerade er erwartet von Ihnen Loyalität und Einsatz in seinem Sinne.

Qualität: Nicht nur die Anforderungen Dritter werden von dem Projekt ferngehalten, sondern auch deren Kompetenz und Akzeptanz. Stellen Sie sich vor, dass ein Mobiltelefon nur die Anforderungen der Elektroingenieure erfüllen müsste. Das Telefon hätte tausend Funktionen, ein riesiges Display und einen tollen Empfang – leider würde es zwei Kilogramm wiegen und sähe zum Weglaufen aus. Ähnliches könnte auch Ihrem Projekt passieren.

Kosten: Zuerst sparen Sie (weniger Anforderungen = geringere Kosten). Aber es ist wahrscheinlich, dass Sie später zusätzliche Anforderungen berücksichtigen und teuer nachbessern müssen. Oder Ihr Endprodukt ist aufgrund zu geringer Anforderungen für den Nutzer unbrauchbar – dann war das ganze Projekt umsonst und das Geld muss abgeschrieben werden.

3

Fazit: Wann dieser Weg Erfolg verspricht

Auf diesem Weg machen Sie es sich einfach, indem Sie etwas weglassen. Sie klammern Personen, Bereiche, Gruppen mangels Akzeptanz bewusst aus dem Projekt aus. Das Projekt wird auf einen kleinen Teil begrenzt. Natürlich geht es so schneller, aber für den Preis der Einschränkung. Die entscheidende Frage ist dabei: Warum haben die Projektziele bei bestimmten Gruppen keine Akzeptanz? Liegt es an den Zielen oder an den Gruppen? Sofern Nutzer- und Kundengruppen die Projektziele nicht akzeptieren, deutet dies auf fehlende Merkmale des Projektergebnisses hin, die von diesen Gruppen als notwendig erachtet werden. Ein Ausschluss dieser Gruppen wäre für das Projekt fatal. Handelt es sich jedoch um Gruppen, die sich wegen der Projektziele als „potenzielle Verlierer" sehen, so sollten Sie die Ziele weitestgehend belassen und bestenfalls über zusätzliche Aspekte befinden, die diesen Gruppen wichtig sind, aber die ursprünglichen Ziele nicht gefährden oder verwässern. Dies gilt vor allem für Nutzergruppen mit einem hohen Einfluss auf den Erfolg Ihres Projekts. Je geringer aber der Einfluss einer Nutzergruppe, desto geringer die Notwendigkeit, sich bei der Zielfindung mit ihnen auseinander zu setzen.

2 Der zehrende Weg: Ziele neu definieren

Was nützt Ihnen ein Lastenheft (siehe S. 42), das zwar die Anforderungen Ihres Auftraggebers bzw. Ihrer Abteilung abdeckt, aber von einem Großteil der Nutzer nicht akzeptiert wird? Genau: Nichts. Selbst wenn das Lastenheft die optimale Lösung für alle Nutzer sein sollte – wer nicht gefragt wird, bleibt skeptisch. Insgeheim ist Ihnen das natürlich völlig klar. Sie hätten von Anfang an die anderen Abteilungen einbeziehen sollen. Ihr Auftraggeber ist durchaus wichtig, aber seine Anforderungen sind zu einseitig. Wer eine Software anwenden soll, will natürlich auch bei deren Gestaltung mitreden – und wenn es sich dabei um viele Anwender handelt, wollen eben viele Anwender mitreden.

Sie werden sich den Anforderungen aller Nutzergruppen stellen und gemeinsame Ziele daraus ableiten müssen. Im Grunde werden Sie das ganze Vorhaben noch mal starten müssen: Lastenheft 2.0. Aber bisher wurde wenigstens noch kein Geld für die Beschaffung bzw. Programmierung ausgegeben, sondern lediglich Zeit verloren. Es gibt also ein Zurück. Aber wie sollen Sie das bloß Ihrem Auftraggeber verkaufen? Wird der auch so einsichtig sein wie Sie?

Immerhin, Sie haben wieder einen klaren Blick und wissen, wie Sie das Projekt angehen können. Nun geht es vor allem darum, auch Ihren Auftraggeber zu überzeugen und das Projekt neu aufzustellen. Ihre Strategie lautet wie folgt:

- Sie werten das gescheiterte Review als Neuanfang.
- Sie verdeutlichen Ihrem Auftraggeber, dass Ihr Projekt in der Sackgasse endet, wenn Sie nicht alle betroffenen Bereiche einbinden.
- Sie betrachten Ihre Kritiker fortan als Ihre Partner und vereinbaren mit ihnen die künftige Form der Zusammenarbeit.
- Sie sammeln die Anforderungen aus allen betroffenen Bereichen und fassen diese in einem neuen Lastenheft zusammen.
- Sie organisieren ein zweites Review (siehe S. 130) und achten darauf, dass die wesentlichen Bereiche an der Entscheidungsfindung beteiligt sind.

Eines ist klar: Ihr Lastenheft soll nicht noch einmal zerrissen werden. Diesmal sorgen Sie dafür, dass alle Parteien frühzeitig zu Wort kommen und ein Lastenheft entsteht, das sich auf breite Akzeptanz stützen kann.

Wie sieht also der Neustart für mein Software-Projekt auf diesem Weg aus? Zuerst entwerfe ich ein Negativ-Szenario: Was passiert, wenn wir das Lastenheft nicht verändert, sondern wie beschrieben realisieren? Natürlich skizziere ich das drohende Ergebnis recht negativ für den Auftraggeber und für unsere Abteilung.

Um meine Annahmen zu untermauern, erstelle ich ein Stakeholder-Portfolio (siehe S. 38): Welche Interessengruppen sind von dieser Software betroffen, welchen Einfluss haben sie und wie ist ihre Einstellung zu dem Vorhaben? Es ist nicht schwer, viele einflussreiche Stakeholder mit negativer Einstellung zu finden. Damit will ich meinen Auftraggeber für einen Neustart gewinnen. Bleibt er hart, muss ich hinter den Kulissen dafür sorgen, dass er „von oben" angesprochen wird. Sobald ich sein Einverständnis bekomme, gehe ich auf Kooperationskurs mit den anderen Abteilungen: Welche Anforderungen habt Ihr an die Software? Das somit entstehende Lastenheft wird wiederum einem Review unterzogen, unter Beteiligung aller betroffenen Bereiche. Notfalls wird dieses Vorgehen sogar mehrmals wiederholt – mit dem Ziel eines akzeptierten Anforderungskatalogs.

PRO

Qualität: Wer seine Kunden einbezieht, hat den ersten Schritt zu einer höheren Kundenzufriedenheit getan. Sie erfahren, was Ihr Kunde wirklich haben will und kennen seine Qualitätsmerkmale. Sie wissen, woran er Sie und den Erfolg Ihres Projekts messen wird. Wenn Sie die Projektziele daran ausrichten, haben Sie in den Augen Ihrer Kunden die Qualität erheblich erhöht, objektiv und subjektiv.

Karriere: Auch wenn Ihr Auftraggeber kurzfristig sauer auf Sie sein sollte, langfristig werden Sie und er vom Erfolg Ihres Projekts profitieren. Und wenn Ihr Auftraggeber sich von Ihnen hintergangen fühlen sollte, in anderen Abteilungen wird man Ihr professionelles Vorgehen schätzen und es wird Führungskräfte im Unternehmen geben, die auf Sie aufmerksam werden. Man muss ja nicht unbedingt im eigenen Bereich Karriere machen.

CONTRA

Termin: Sie können die bisherigen Ergebnisse zwar nutzen, aber im Grunde fängt das Projekt von vorne an. Und da Sie nun einen breiten Ansatz verfolgen und Betroffene aus anderen Abteilungen einbinden, brauchen Sie viel Zeit für die entsprechende Abstimmung und Kommunikation. Sie können nicht mehr ausschließlich fachlich arbeiten, sondern Sie werden sich ab jetzt stärker mit den Interessengruppen beschäftigen müssen: Lobbying, Marketing, Kommunikation, Abstimmungsmeetings, Vereinbarungen, Reviews etc. Das wird sicherlich die Projektziele sichern, kostet aber Zeit – Zeit, die für Ihre inhaltliche Arbeit fehlt und den Endtermin nach hinten rückt.

Kosten: Wer viele Anforderungen berücksichtigen will, muss auch viele Anforderungen bezahlen. Sie haben sich der Kundenorientierung verschrieben und suchen genau das, was Ihre Kunden in ihrer aktuellen Situation brauchen. Das ist alles andere als Standard, es wird eine maßgeschneiderte Lösung werden. Ein Maßanzug passt sicherlich wie angegossen, ist aber teurer als einer von der Stange.

Fazit: Wann dieser Weg Erfolg verspricht

Dieser Weg ist aufwändig und mühselig. Wer andere nach ihren Bedürfnissen befragt, bekommt eine Fülle von Antworten und schürt Erwartungen, die nicht alle befriedigt werden können. Aber es lohnt sich, denn Ihre (internen) Kunden werden es Ihnen mit einer hohen Zufriedenheit danken. Und je mehr Ihr Projekterfolg von dieser Zufriedenheit abhängt, umso sinnvoller ist dieser Weg für Sie und für Ihr Projekt:

- In einer Unternehmenskultur, in der es Mitarbeiter gewohnt sind, nach ihrer Meinung gefragt zu werden und aktiv an der Gestaltung ihrer Arbeitsumgebung mitzuwirken.

- In Situationen, in denen man Sie als Dienstleister und Ihr Tun als Dienstleistung betrachtet.

- Wenn die Anzahl der Interessengruppen nicht mehr überschaubar ist und sie in sich heterogen oder gar kontrovers sind.

Anders verhält es sich, wenn sich die Ziele aus gesetzlichen oder strategischen Vorgaben ableiten und die daraus resultierenden Anforderungen obligatorisch sind. Dann macht dieser Weg nur Sinn, wenn diese Mindestanforderungen noch um weitere Anforderungen ergänzt werden sollen.

3 Der Bumerang-Weg: An Auftraggeber delegieren

Erst gibt Ihnen Ihr Auftraggeber eine klare Richtung vor und dann werden Sie von irgendwelchen Interessengruppen ausgebremst. Sie sind genau zwischen den Mühlsteinen gelandet und laufen nun Gefahr, zermahlen zu werden. Jeder Schritt könnte nun der falsche sein: Geben Sie den Interessengruppen nach, haben Sie ein Problem mit Ihrem Auftraggeber. Drücken Sie die Anforderungen Ihres Auftraggebers durch, wird Ihr Projekt von den Interessengruppen blockiert.

Ein möglicher Ausweg: Delegieren Sie das Problem an den Auftraggeber zurück. Sie fassen die gegensätzlichen Positionen akkurat zusammen und beschreiben die möglichen Alternativen in einem Bericht oder in einer Entscheidungsmatrix (siehe gleichnamiges Tool auf S. 48) Ihrem Auftraggeber. Soll doch Ihr Auftraggeber entscheiden, wie er weiter vorgehen möchte, schließlich ist es ja sein Konflikt und nicht Ihrer.

Ab hier gabelt sich dieser Weg in drei Varianten:

- Ihr Auftraggeber sieht ein, dass er mit seinen ursprünglichen Zielen nicht weiter kommt. Er willigt ein, die Ziele der Stakeholder in das Projekt zu integrieren. Dann können Sie auf den Weg „Ziele neu definieren" einbiegen.

- Ihr Auftraggeber beharrt darauf, dass Sie seine ursprünglichen Ziele umsetzen. Dann geht es auf den Weg „Ziele umsetzen".

- Ihr Auftraggeber erkennt, dass sich seine Ziele nicht erfolgreich umsetzen lassen, will aber auch nicht die Stakeholder in das Projekt einbinden. Er wartet auf einen besseren Zeitpunkt und stoppt das Projekt.

Wie verhalte ich mich auf diesem Weg mit meinem Software-Projekt? Ich bringe meine Eindrücke aus der Lastenheft-Präsentation zu Papier: Reaktionen, Meinungen, Argumente, Anforderungen der Vertreter anderer Bereiche. Dann verfasse ich eine direkte Gegenüberstellung der jeweiligen Anforderungen:

Welche Merkmale beinhaltet das aktuelle Lastenheft und welche Merkmale werden von anderen gefordert? Die Gemeinsamkeiten und Unterschiede kommentiere ich entsprechend und formuliere die Konsequenzen. In einer Entscheidungsmatrix (siehe S. 48) beschreibe ich die alternativen Wege und überlasse die Entscheidung dem Auftraggeber.

VORSICHT BOMBE!

Sie drängen Ihren Auftraggeber in eine Entscheidungssituation, die ihm unangenehm sein wird. Jede Entscheidung ist für ihn ein Verlust. Er will sich nicht entscheiden. Und deshalb könnte er versuchen, auszuweichen. Er entscheidet nicht und Ihre Rückdelegation ist fehlgeschlagen. Übrig bleiben Sie mit dem Problem.

So entschärfen Sie die Bombe
Stellen Sie klar, dass ohne eine Entscheidung Ihres Auftraggeber die Arbeiten an dem Projekt nicht fortgesetzt werden können. Das geht nicht per E-Mail, sondern nur in einem persönlichen Gespräch. Das kann zwar laut und unangenehm für Sie werden, stellt aber sicher, dass Sie von Ihrem Auftraggeber auch verstanden werden.

Und noch ein Tipp: Vermeiden Sie in Ihrem Bericht alle subjektiv bewertenden Formulierungen. Ein „besser" oder „schlechter" wird Ihr Auftraggeber nicht akzeptieren. Gehör finden Sie mit objektiven Bewertungen, z. B. „Für Stakeholder A ist Anforderung B besonders wichtig, weil ... Ohne diese Anforderung wird Stakeholder A das Projektergebnis nicht anwenden."

PRO

Qualität: Es mag sonderbar klingen, aber dieser Weg eröffnet dem Projekt eine Chance zur Qualitätssteigerung. Ihre Rückdelegation ist für Ihren Auftraggeber ein Denkzettel: Wenn er nicht völlig verbohrt ist, wird er in sich gehen und sich über die Situation ehrlich Gedanken machen. Zumindest ist der Auftraggeber nun empfänglicher für den Weg „Ziele neu definieren".

Kosten: Immerhin können Sie auf eines stolz sein, denn Sie haben bisher kein Geld für eine Software ausgegeben, die nur wenige Anwender haben wollen. Durch Ihre Rückdelegation ist „Denkzeit" entstanden, die vielleicht genutzt wird.

Termin: Denkzeit ist vor allem erst einmal Zeit. Zeit, die den Fortschritt des Projekts und somit den Endtermin verzögert.

Karriere: Keine Führungskraft mag Rückdelegationen. Hier liegt aus deren Sicht der Verdacht auf Arbeitsverweigerung nahe. Ihr Auftraggeber wird an Ihrer Loyalität und Leistungsbereitschaft zweifeln, und das sind keine guten Voraussetzungen für Ihre Karriere. Schlimmstenfalls werden Sie ausgetauscht und ein anderer Projektleiter tritt an Ihre Stelle. Und selbst, wenn dann die Ziele neu definiert würden, haftet Ihnen der Makel der Rückdelegation an.

Fazit: Wann dieser Weg Erfolg verspricht

Dieser Weg ist eine Denkpause für Ihren Auftraggeber. Sie fahren das Projekt auf ein Abstellgleis vor eine Weiche und rufen Ihren Auftraggeber an: Lieber Auftraggeber, wenn wir dieses Gleis beibehalten, kommen wir in der Wüste an – willst Du das? Ansonsten gibt es noch das Gleis „Ziele neu definieren" – etwas holpriger, aber wir kommen an eine Oase. Der Erfolg dieses Weges ist die Tatsache, dass Ihr Auftraggeber sich entscheiden muss. Ihre Pflicht als Projektleiter ist es, Ihren Auftraggeber auf alle Chancen und Gefahren aufmerksam zu machen. Sie erkennen, bewerten und vergleichen – er entscheidet. Der schlimmste Vorwurf eines Auftraggebers beginnt mit „Warum haben Sie mir das nicht vorher gesagt?". Diesen Vorwurf müssen Sie sich nicht gefallen lassen. Die Entscheidung selbst können Sie dabei kaum beeinflussen.

Mein Weg: Lastenheft an Wünsche anpassen – so bin ich vorgegangen

Um ehrlich zu sein, war mir zuerst nach Flucht zumute. Aber nach dem ersten Schock habe ich mich mehr über mich selbst geärgert als über meinen Auftraggeber. Es war doch klar, dass die anderen Abteilungen meckern würden; das hätte ich vorhersehen können. Bevor ich mich aber um die zusätzlichen Anforderungen kümmern konnte, musste ich mit meinem Auftraggeber sprechen. Ich vereinbarte mit ihm einen Termin und bereitete mich intensiv vor.

Ich beschrieb drei alternative Szenarios (siehe das Tool „Scenario Writing" auf S. 48): Bestehendes Lastenheft umsetzen, Lastenheft anpassen, Projekt stoppen. Die Ziele der Szenarien waren natürlich unterschiedlich. Während das bestehende Lastenheft (siehe S. 421) nur einer Abteilung diente, zielte ein angepasstes Lastenheft auf eine durchgängige Anwendung der Software im gesamten Unternehmen ab. Für alle Szenarien erstellte ich ein eigenes Stakeholder-Portfolio (siehe S. 38). Die Stakeholder und ihr jeweiliger Einfluss waren in allen Szenarien gleich, nur ihre Einstellung variierte. Für alle Stakeholder analysierte ich die Motive, Bedürfnisse und ihre Beziehungen untereinander. Nun wusste ich, mit wem ich es zu tun hatte und wie sich die Protagonisten in jedem Szenario höchstwahrscheinlich verhalten würden. So ging ich in das Gespräch mit meinem Auftraggeber. Ich stellte ihm meine Erkenntnisse vor, entscheiden sollte er. Und er entschied, das Lastenheft anzupassen. Jetzt hatte ich freie Hand und konnte offiziell auf die anderen Abteilungen zugehen. Die Arbeit konnte beginnen.

Wie es weiter ging? Natürlich waren alle Abteilungen sehr an einer Mitarbeit interessiert. Es war eine harte Moderations- und Verhandlungsarbeit, aber es hat sich gelohnt. Nach vier Arbeitsmeetings mit Vertretern aller relevanten Abteilungen konnten wir das Lastenheft erneut einem Gremium aus Führungskräften vorstellen. Dieses Mal war es kein Desaster. Das Lastenheft konnte mit leichten Anpassungen verabschiedet werden.

 KLARTEXT: WIE SIE BETROFFENE ZU BETEILIGTEN MACHEN

1   Schaffen Sie sich Verbündete! Projekte bedeuten Veränderung. Und Veränderung braucht Verbündete.

2   Behalten Sie immer die Stakeholder im Auge. Zu viele skeptische oder gar negative Stakeholder sind der Tod des Projektes.

3   Sichern Sie die Ziele ab. Bringen Sie die Projektziele mit den Bedürfnissen und Motiven der wesentlichen Stakeholder in Einklang.

4   Geben Sie Ihren Stakeholdern das Gefühl, dass ihnen das Projekt nützt – erst dann werden sie das Projekt aktiv unterstützen.

5   Die Interessen der Stakeholder sind zu verschieden? Suchen Sie den kleinsten gemeinsamen Nenner oder treiben Sie Handel.

Wie Sie aus einer Zwangsgemeinschaft ein Team machen

DAS SZENARIO »

Nach meinen ersten Jahren als operativer Projektleiter verschlug es mich in die Personalentwicklung. Dort ging es um den Aufbau und den Betrieb einer firmeninternen Weiterbildungsakademie. Budget und Termin waren fixiert. Ich wurde direkt als Leiter dieses Projekts angestellt. Mir wurden interne und externe Ansprechpartner benannt, rund 30 Personen verteilt quer durch die Republik mit den unterschiedlichsten Erfahrungen, Kenntnissen und Bereichen. Das Spektrum reichte vom Bereichsleiter über Fachspezialisten bis zum Geschäftsführer einer externen Beratungsfirma. Ich war die einzige Person, die voll an dem Projekt arbeitete – natürlich ohne Weisungsbefugnis. Jeder hatte seine Vorstellung von dem Projekt. Einige störten sich an mir als Projektleiter, andere hatten keine Zeit oder keine Lust. Während die einen noch auf ihren Einsatz warteten, waren andere schon mittendrin. Wie sollte ich diesen Flohzirkus in den Griff bekommen?

Wege zur Lösung

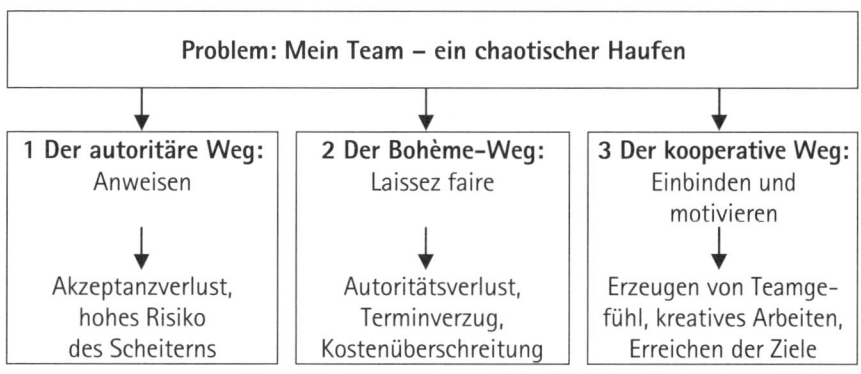

| Problem: Mein Team – ein chaotischer Haufen |

1 Der autoritäre Weg: Anweisen	2 Der Bohème-Weg: Laissez faire	3 Der kooperative Weg: Einbinden und motivieren
Akzeptanzverlust, hohes Risiko des Scheiterns	Autoritätsverlust, Terminverzug, Kostenüberschreitung	Erzeugen von Teamgefühl, kreatives Arbeiten, Erreichen der Ziele

1 Der autoritäre Weg: Anweisen

Sie fühlen sich zur Rolle eines Leiters berufen. Gerade dieses Projekt liegt Ihnen ganz besonders am Herzen. Sie identifizieren sich mit den Zielen, Sie wollen es Ihrem Auftraggeber zeigen, Sie gehen fachlich voll darin auf. Kurz, Sie nehmen Ihre Sache sehr ernst. Und deshalb werden Sie alles geben. Das heißt für Sie auch, dass Sie sagen, wo es langgeht und Ihre Teammitglieder das verstehen und befolgen. So einfach ist die Welt. Alles andere ist Chaos. Deshalb wählen Sie den autoritären Weg und geben Anweisungen.

Sie haben den Überblick, Ihr Wort zählt, Ihre Anweisungen werden erwartet und gezielt erteilt – zwecks umgehender Umsetzung. Natürlich muss das mit jedem Teammitglied im Vorfeld geklärt werden. Sie stellen in Einzelgesprächen klar, wie Sie Ihre Rolle wahrnehmen werden und wie Ihre Erwartungshaltung Ihren Teammitgliedern gegenüber aussieht. Sicherlich kennen Sie den Wert jedes Teammitglieds und sind an dessen Mitarbeit im Sinne des Projekts interessiert. Wenn Sie aber das Gefühl haben sollten, Ihre Anweisungen werden nicht ernst genommen oder sogar nicht befolgt, dann werden Sie handeln. Jeder ist ersetzbar – alles klar?

Bei der Ausübung Ihrer Rolle stützen Sie sich auf diesem Weg auf folgende Eckpfeiler:

- Sie haben als Projektleiter das Selbstverständnis und die disziplinarische Weisungsbefugnis, das Projekt und das Team zu führen.
- Sie sind fachlich kompetent und können bestens mitreden, wenn es um fachliche Details und die Beurteilung inhaltlicher Ergebnisse geht.
- Sie haben die Übersicht und wissen, was gut für das Projekt ist und was nicht. Sie sind im Projekt die einzige Instanz für richtige Entscheidungen.
- Sie strahlen als Person Autorität aus. Ihre Statur, Ihre Stimme, Ihre Gestik und Ihre Handlungen weisen Sie bereits deutlich als Führungsnatur aus.

Im Klartext: Sie sind der Chef im Ring. Das Projekt braucht eine straffe Führung und die werden Sie auch leisten. Ob mit oder gegen die anderen, wird von den anderen abhängen.

Wie verhalte ich mich demnach in meinem Projekt aus dem Szenario? Als erstes verfasse ich Rollenbeschreibungen (siehe S. 83) für mich als Projektleiter und für die Teammitglieder und lasse sie von meinem Auftraggeber bestätigen.

Diese Rollenbeschreibung bespreche ich mit jedem Teammitglied einzeln – nicht um sie anzupassen, sondern um sie deutlich zu erklären und zu vereinbaren. Ich merke bereits im Gespräch, wer dieser Rollenbeschreibung nicht entspricht. Diese Teammitglieder tausche ich bereits zu Beginn aus oder setze sie zumindest auf eine „Watch List". Ich schaffe klare Strukturen: Zielkreuz (S. 38), Projektstrukturplan (S. 79), klar beschriebene Arbeitspakete (S. 80) und detaillierte Termin- und Kostenpläne (S. 43 und S. 45). Während der Umsetzung durch die Teammitglieder lasse ich mir wöchentlich berichten, wie der Fortschritt aussieht, und ordne ggf. Steuerungsmaßnahmen an, indem ich z. B. inhaltliche Überarbeitung anweise, mehr Personal fordere, Preise neu verhandele. Ich gebe bei negativen Entwicklungen deutliches Feedback (S. 134) und bin auch zu Um- und Neubesetzungen des Teams bereit.

VORSICHT BOMBE!

Sollten Sie in einer Matrixorganisation arbeiten und müssen Sie sich aus der Linienorganisation die Teammitglieder „ausleihen", sind heftige Konflikte mit deren Vorgesetzten vorprogrammiert. Gehen Sie davon aus, dass Ihre Teammitglieder früher oder später wegen „inhaltlicher Probleme" ihre jeweiligen Fachvorgesetzten einschalten werden. Man wird Ihre Entscheidungen inhaltlich kritisieren und damit im Grunde Ihren Führungsstil meinen. Das betroffene Management wird Sie als Bedrohung empfinden und negativ reagieren.

So entschärfen Sie die Bombe
Aus organisatorischer Sicht können Sie sich Ihren Führungsstil nur leisten, wenn Sie auch wirklich die Weisungsbefugnis ausüben können. Stellen Sie sicher, dass Sie für die Dauer Ihres Projekts der einzige Leiter Ihres Teams sind. Auch Ihren Vorgesetzten sollten Sie auf Ihren Führungsstil vorbereiten, um Irritationen zu vermeiden. Die Führung externer Dienstleister gestaltet sich hier etwas einfacher: Diese Teammitglieder sehen Sie als Kunden an und müssen sich Ihnen gegenüber entsprechend moderat geben.

PRO

Termin: Eine bewusste Wirkung Ihrer Führung ist, dass Ihr ärgerliches Gesicht in den Köpfen Ihrer Teammitglieder erscheint, falls diese auch nur an einen Terminverzug denken sollten.

Kosten: Für die Einhaltung des Budgets gilt im Grunde das Gleiche wie für den Endtermin. Alles Messbare und objektiv Nachweisbare werden Sie kontrollieren und den Erfolg Ihres Tuns davon ableiten. Ihre Teammitglieder werden sich schon sehr gute Argumente überlegen müssen, wenn sie Kostenabweichungen begründen müssen. Das wird zu einem sehr kostenbewussten Denken Ihrer Teammitglieder führen: Sie werden sparen, koste es, was es wolle.

 CONTRA

Qualität: Ihre Teammitglieder werden bewusst und unbewusst eine schnelle und günstige Ausführung anstreben. Alles zielt darauf ab, Sie erst einmal zufrieden zu stimmen. Auch wenn Sie ein hervorragender Fachmann sein sollten, Ihr Team wird nicht die geforderte Qualität erzeugen. Durch Ihren Führungsstil wird alle Kreativität verhindert, es wird Standardlösungen geben, auch wenn sie nicht passen. Und Sie selbst haben keine Chance, Ihre Teammitglieder hundertprozentig zu kontrollieren, denn Sie werden nicht alles mitbekommen. Vor allem nicht die Blindleistung Ihrer Teammitglieder, die nur darauf abzielt, sich und negative Ergebnisse vor Ihnen zu verstecken. Alles zu Lasten der Qualität.

Karriere: Dieser Führungsstil wird Sie einsam machen, denn bei Kollegen und bei Mitarbeitern werden Sie damit keine Sympathien ernten. Und vom Management werden Sie bestenfalls skeptisch beäugt, schlimmstenfalls als Möchtegernleiter missachtet. Eine wesentliche Triebfeder Ihrer Teammitglieder ist Angst, Angst vor Ihnen. Es wird für Sie nicht leicht werden, damit Erfolg zu haben. In kooperativ geführten Unternehmen werden Sie nicht lange überleben. In autoritär geführten Unternehmen müssen Sie sich – zumindest bis zu Ihrem Aufstieg – unterordnen. Allerdings sterben solche Unternehmen langsam aus.

Fazit: Wann dieser Weg Erfolg verspricht

Dieser Weg skizziert uns das Bild einer Führungskraft, wie wir es aus unseren Albträumen kennen: autoritär, einengend, vorschreibend, unterdrückend, fordernd – einfach unangenehm.

Die Frage ist: Wie viel dieses negativen Bildes muss oder kann trotzdem in einer erfolgreichen Führungskraft stecken? Sicherlich wird sich eine Führungskraft mit einem autoritären Führungsstil in einer eher autoritären Unternehmenskultur richtig am Platz fühlen und erfolgreicher agieren. Auch von einem Projektleiter werden dann seitens der Teammitglieder „klare Ansagen" erwartet – schließlich sind sie das von ihren Vorgesetzten gewohnt. Gegenüber den Vorgesetzten müssten Sie sich als Projektleiter dann allerdings anders verhalten – für das Management haben Sie als Projektleiter nur Mitarbeiterstatus.

Aber auch in kooperativen Kulturen kann ein punktuell eingesetzter autoritärer Führungsstil richtig sein. Wenn „es brennt", ist keine Abfrage der Befindlichkeiten, sondern eine klare Anweisung erforderlich. Ein Investitionsprojekt mit engem Zeitrahmen muss straffer geführt werden als ein kreatives Forschungsprojekt. Unerfahrene Mitarbeiter bedürfen engerer Vorgaben als alte Hasen, die ein selbstständiges Arbeiten gewohnt sind. Ich kenne keinen Projektleiter, der sich je nach Situation, Person oder Umgebung nicht auch schon autoritärer Führungselemente bedient hätte – aber es muss in den Kontext passen.

2 Der Bohème-Weg: Laissez faire

Je mehr sich ein Mensch selbst verwirklichen kann, desto zufriedener ist er. Je zufriedener Menschen sind, desto produktiver sind sie und desto erfolgreicher wird das Projekt – und desto erfolgreicher sind Sie als Projektleiter. Jedes Projektteam ist ein bunter Haufen: verschiedene Fachbereiche, Erfahrungen, Herkunft, Werte, Eigenarten, Kulturen, vielleicht sogar Sprachen. Ein Puzzle besteht eben aus zig verschiedenen Teilen und trotzdem ergeben alle zusammen am Ende das richtige Bild – man muss sie einfach machen lassen. Sie glauben an das Gute im Menschen und sind davon überzeugt, dass die freie Willensentfaltung auf lange Sicht noch immer die besten Ergebnisse hervorgebracht hat. Deshalb dürfen Sie als Projektleiter nicht zu dominant agieren und alle Teammitglieder vor vollendete Tatsachen stellen. Das könnten Sie auch gar nicht, denn wenn Sie Ihr ganzes Wissen und das aller Teammitglieder aufsummieren, dann macht Ihr Wissen nur einen Bruchteil davon aus. Daher werden Sie sich zurückhalten. In der Praxis handhaben Sie das so: Ihre Tür steht immer offen und jeder kann sich bei Ihnen melden und sich mit Ihnen austauschen. Es ist Ihnen unangenehm, wenn Sie Teammitglieder auffordern, etwas zu tun – das ist Ihnen zu frontal. Schließlich haben Sie es mit erfahrenen Experten zu tun und die würden das als reine Gängelei empfinden. Sie sind der Meinung, dass Ihr passiver Führungsstil genau die Freiräume für die Teammitglieder schafft, die sie für das Projekt brauchen. Deshalb sind Ihnen folgende Punkte besonders wichtig:

- Der Projektleiter ist ein normales Mitglied des Projektteams ohne besondere Rechte oder Pflichten.

- Der Projektleiter bringt seine fachlichen und organisatorischen Kompetenzen in das Team ein, nicht als Anweisung, sondern als optionalen Beitrag.

- Sie haben keinen Anspruch auf Allwissenheit oder auf Entscheidungsgewalt. Was gut für das Projekt ist, muss das Team entscheiden.

- Sie halten sich zurück. Sie haben einen geringen Redeanteil, bestenfalls moderieren Sie dezent. An wichtigen Entscheidungen und Abnahmen nehmen Sie oft gar nicht teil.

Im Klartext: Sie führen nicht. Sie sehen sich als Partner Ihrer Teammitglieder und wollen damit deren Selbstverantwortung fördern.

Auf diesem Weg mache ich es mir im Szenario leicht. Ich entwerfe zu Beginn eine Informationspräsentation mit den Zielen für Qualität, Umfang, Termin und Kosten und sende diese an alle Teammitglieder. Damit jedes Teammitglied weiß, was das für sie oder ihn persönlich bedeutet, erstellte ich eine individuelle Arbeitspaketbeschreibung (S. 80) und delegiere die Arbeitspakete an die Teammitglieder. Anhand einer pauschalen Rollenbeschreibung für Teilprojektleiter (siehe S. 84) stelle ich klar, dass alle Teammitglieder eigenverantwortlich handeln müssen. Dann stelle ich einen Katalog mit Spielregeln (siehe Tool S. 131) zum Umgang miteinander und zum Verhalten im Fall von Eskalationen und Problemen auf und verteile ihn.

Von nun an tue ich meine eigene Arbeit, stehe für Fragen zur Verfügung und informiere unregelmäßig den Auftraggeber über den Stand des Projekts. Wahrscheinlich stelle ich den direkten Kontakt zwischen Auftraggeber und Projektteam her, um Informationen schneller und direkter laufen zu lassen. Ab und an lade ich zu einer Besprechung ein, in der ich mich zurückhalte.

VORSICHT BOMBE!

Sie gehen davon aus, dass sich das Team selbst organisieren und zielorientiert arbeiten wird. Nehmen wir den positiven Fall an: Es funktioniert und die Ziele werden erreicht. Sie haben Ihr Team sich selbst überlassen und die Mitglieder haben es dennoch geschafft. Wozu braucht man Sie dann noch als Projektleiter? Diese Frage könnte auch das Management stellen.

So entschärfen Sie die Bombe

Durch Ihr Fehlen entsteht keine Lücke. Sie müssen sich jetzt darauf konzentrieren, dass das keiner merkt. Vor allem Ihr Auftraggeber darf nicht wissen, dass Sie entbehrlich sind. Sie müssen den direkten Kontakt zwischen dem Auftraggeber und dem Team unterbinden. Nutzen Sie Ihr einzig verbliebenes Alleinstellungsmerkmal: Holen Sie aktuelle Informationen über den Arbeitsstand aus dem Team und berichten Sie diese dann Ihrem Auftraggeber. Mit seinen Kommentaren gehen Sie zurück ins Team und bringen das Team „auf den rechten Pfad". So werden Sie auf beiden Seiten Akzeptanz und Daseinsberechtigung für Ihre Person schaffen, ohne Ihren Führungsstil zu verändern.

PRO

Qualität: Fehlende Führung bedeutet das Fehlen von Strukturen und Vorgaben. Das sind gute Bedingungen für eine freie Kreativität. Alle Ideen sind möglich, jeder Gedanke kann richtig sein. Nichts ist verboten, nichts ist unmöglich. Gute Voraussetzungen für das Finden optimaler Lösungen. Sofern also Kreativität für Ihr Projekt wichtig sein sollte, darf man hoffen, dass hiervon auch die Qualität des Projektergebnisses profitiert.

Karriere: Probleme und Konflikte bekommt man mit Ihnen kaum, denn Sie sind immer um eine angenehme Gesprächsatmosphäre bemüht. Das kann Sie in einer konfliktscheuen Umgebung durchaus voran bringen.

Qualität: Qualität durch Kreativität ist möglich. Wahrscheinlicher ist allerdings, dass ohne Führung das Chaos ausbricht. Und dieses Chaos bedeutet unklare Ziele, Doppelarbeit, Fehlplanung und Konflikte – alles keine Freunde von Qualität.

Termin: Im schlimmsten Fall kommt das Projekt aus dem Chaos nicht mehr heraus und versinkt darin bis zum Abbruch. Im besten Fall kann das Chaos überwunden werden bis zum nächsten Chaos. Jedes Chaos kostet Zeit – umso unkontrollierter desto zeitaufwändiger. Ihr Projekt wird somit vollkommen unplanbar. Den Endtermin können Sie vergessen.

Kosten: Erfahrungsgemäß werden in den ersten 20 Prozent eines Projekts 80 Prozent der Kosten festgelegt (Pareto-Prinzip). Demnach sind nach 20 Prozent zeitlichem Chaos bereits 80 Prozent finanzielles Chaos entstanden. Sie werden ein Vielfaches Ihres Projektbudgets brauchen, um die Ziele zu erreichen, sofern es nicht zum Abbruch kommt.

Karriere: Wer auch immer Sie zum Projektleiter benannt hat, erwartet von Ihnen, dass Sie das Projekt zum Erfolg führen. Sie führen aber nicht. Sie sind ein Kapitän, der still im Ausguck sitzt und manchmal gen Horizont zeigt. Kursbefehle sind von Ihnen nicht zu erwarten. Das ist kein Problem, so lange es gut läuft. Es ist aber sehr viel wahrscheinlicher, dass es nicht gut läuft. Dann wird schnell heraus kommen, dass Sie Ihre Rolle nicht wahrnehmen – schlimmstenfalls wird Ihnen Arbeitsverweigerung vorgeworfen. Wer sich so verhält, will keine Karriere machen.

Fazit: Wann dieser Weg Erfolg verspricht

Dieser Weg ist für jede Führungskraft ein Spiel mit dem Feuer. Ob bewusst oder unbewusst: Sie geben das Heft aus der Hand. Sie drücken sich vor der Führungsverantwortung und schieben sie auf das Projektteam ab. Sie vermeiden es sogar, eine formelle und offizielle Übertragung Ihrer Verantwortung zu organisieren. Heimlich, still und leise stehlen Sie sich davon und lassen Ihr Projekt und Ihr Team im Stich. Dabei machen Sie sich abhängig von Ihrem Projektteam. Haben die Teammitglieder eine hohe soziale und methodische Kompetenz, stehen die Chancen auf eine Selbstorganisation und somit auf die Zielerreichung nicht schlecht. Verfängt sich das Team jedoch in individuellen Egoismen, stehen die Chancen für das Team, für das Projekt und somit auch für Sie eher schlecht. Eines ist klar: Eine Führungskraft, die nicht führt, handelt grob fahrlässig. Diese Führungskraft braucht eine sehr gute Begründung: ein professionelles und eingespieltes Projektteam, dem man vertrauen kann, oder ein besonders neuartiges Projekt mit kreativen Köpfen in einer deregulierten Umgebung.

3 Der kooperative Weg: Einbinden und motivieren

Eine mögliche Definition für Team ist „Toll, **E**in **A**nderer **M**acht's". Leider steckt in dieser Definition reichlich gelebter Projektalltag. Projekte scheitern nicht an der Technik, sondern an den Menschen (siehe auch das Buch von Tom DeMarco: Wien wartet auf Dich! Der Faktor Mensch im DV-Management). Sie wissen, dass die besten Arbeitsergebnisse weder durch Angst noch durch Regellosigkeit erreicht werden. Aber wie soll der Mittelweg zwischen Diktatur und Kaffeekränzchen aussehen?

Ihnen ist vollkommen klar, dass die Lösung nicht in straffen oder losen Zügeln des Projektleiters liegt, sondern in den Teammitgliedern selbst. Was muss also in einem Teammitglied passieren, damit es „funktioniert"? Ist „funktionieren" überhaupt das richtige Wort, der richtige Denkansatz? Funktionieren erinnert eher an Maschinen – das Teammitglied als kleines Rad im Projektgetriebe. Aber hier geht es um Menschen und um deren Zusammenwirken als Team. Teamarbeit wirkt eher wie ein lebender Organismus, in dem alle Organe zum Wohle des Ganzen zusammenwirken. Kann ein Organ nicht arbeiten, leidet der gesamte Organismus. Das Teammitglied als Organ im Projektorganismus – das ist das komplette Gegenteil von „Toll, ein anderer macht's".

Ihre Aufgabe als Projektleiter könnte also darin liegen, eine Umgebung zu schaffen, in der sich die Teammitglieder als Teil eines Organismus fühlen. Wie kann das gehen? Für alle Organe gilt: Wir haben vieles gemeinsam – wir gehören zusammen – jedes Organ ist alleine nicht lebensfähig – wenn jeder seinen Beitrag leisten kann, geht es allen gut. Um diese Prinzipien auf ein Projektteam zu übertragen, sollten Sie auf folgende Faktoren achten:

- Sie stellen sicher, dass sich alle Teammitglieder mit den Zielen des Projekts identifizieren. Das Ziel ist der kleinste gemeinsame Nenner.
- Sie betonen die Gemeinsamkeiten der Teammitglieder.

- Sie denken sich besondere Maßnahmen aus, die ausschließlich darauf abzielen, aus den Teammitgliedern ein homogenes Team zu formen.

- Führung bedeutet für Sie, dass Sie bewusst eine konstruktive Beziehung zu Ihren Teammitgliedern aufbauen, um auf der Sachebene Erfolg haben zu können.

- Sie schaffen eine Atmosphäre der offenen Kommunikation. Jedes Teammitglied kennt, akzeptiert oder optimiert die gemeinsamen Spielregeln.

Im Klartext: Erst müssen die Menschen sich in das Projekt und in das Team eingebunden fühlen und für beides motiviert sein, dann können sie effizient miteinander arbeiten. Keine Angst, damit sind Sie noch lange kein Softie. Teammanagement ist harte Knochenarbeit. Wer zufriedene und effiziente Mitarbeiter haben will, muss flexibel und konsequent führen können.

Was bedeutet dieser Weg für mich und mein Team im Szenario? Ich achte bereits bei der Zusammenstellung des Teams darauf, dass die beteiligten Menschen zueinander passen. Dann organisiere ich in einem Seminarhotel mit der Unterstützung eines externen Moderators ein Kick-off (siehe S. 131), das aus einem Präsentationsteil für die Ziele und die Projektorganisation und aus einem Workshop-Teil für die Klärung der Rollen und der Zusammenarbeit besteht. Auf Basis dieser Vereinbarungen berufe ich regelmäßige Projektteam-Meetings (siehe S. 132) ein, die ich strukturiert vorbereite und moderiere. Darüber hinaus suche ich jedes Teammitglied regelmäßig einzeln auf, um den Fortschritt und ein generelles Feedback (siehe S. 134) zu erfragen. Inhaltliche Probleme oder persönliche Konflikte greife ich auf und führe sie einer einvernehmlichen Klärung zu.

 VORSICHT BOMBE!

Sie investieren zu Beginn des Projekts Zeit und Geld in die Teambildung. Das ist Ihrer Ansicht nach eine Investition in die Zukunft, die sich bald rentieren wird. Bedenken Sie, dass die meisten Projektbeteiligten so etwas nicht gewohnt sind. Sie sehen nur die verlorene Zeit und das ausgegebene Geld. Stellen Sie sich deshalb auf Irritation und Unverständnis ein. Sowohl Ihr Auftraggeber als auch Ihre Teammitglieder werden Sie eventuell als verweichlichten Esoteriker betrachten. Im Extremfall kippt die Stimmung: Der Workshop wird nicht bewilligt, Teammitglieder sagen ab oder werden von ihren Vorgesetzten davon abgehalten teilzunehmen.

So entschärfen Sie die Bombe

Ihr Vorgehen muss mit Ihrem Auftraggeber abgestimmt sein. Noch während der Auftragsklärung vereinbaren Sie mit ihm die Durchführung der Maßnahmen zur Teambildung. Deshalb sind diese Maßnahmen auch explizit im Projektbudget ausgewiesen. Auch den Vorgesetzten Ihrer Teammitglieder sollten Sie Ihr Vorgehen erklären: Wozu machen Sie das, was ist der Zweck? Es darf auf keinen Fall der Verdacht eines „Betriebsausflugs" aufkommen. Wenn für die Teammitglieder vertretbar, kann eine Mischung aus Arbeits- und Freizeit angestrebt werden. Typische Projektstart-Workshops beginnen am Donnerstag und enden am Samstag.

PRO

Qualität: Sie haben auf jeden Fall die Qualität der Zusammenarbeit gesteigert. Sie sorgen dafür, dass eine Gruppe von Experten ein Expertenteam wird und effizient miteinander zusammenarbeitet.

Termin: Sie werden feststellen, dass die zwei Tage Workshop und diverse Tage für Teammeetings gut investierte Zeit sind. Sie klären und vermeiden in diesen Tagen Probleme, Missverständnisse und Konflikte, die Sie später Wochen und Monate an Mehrarbeit kosten würden.

Kosten: Ihre Maßnahmen kosten zwar etwas, haben dabei aber einen unschätzbaren Wert. Sie betreiben soziales Risikomanagement: Wenn zwei Ingenieure bewusst oder unbewusst aneinander vorbei arbeiten, wird das Ihr Projekt viel Geld kosten. Dieses Geld sparen Sie.

Karriere: Dieser Führungsstil nutzt langfristig die verborgenen Reserven der Teammitglieder. Das wird das Management sehr bald wahrnehmen – Ihre Eintrittskarte zu mehr Verantwortung und mehr Mitarbeitern.

CONTRA

Termin: Gerade zu Beginn eines Projekts fällt jeder Tag Verzögerung durch nichtwertschöpfende Aktivitäten besonders auf. Sollten Ihre teambildenden Maßnahmen nicht den gewünschten Effekt zeigen, haben Sie definitiv Zeit verloren.

Karriere: In vielen Unternehmen gibt es eine strikte Trennung zwischen Führungskräften und Mitarbeitern. Viele Elemente der Unternehmenskultur werden diese Trennung im Arbeitsalltag zementieren (so z. B. Führungskräfte gehen nicht gemeinsam mit Mitarbeitern in die Kantine; Entscheidungen fällt die Führungskraft alleine; in einem Meeting mit Mitarbeitern hat die Führungskraft den höchsten Redeanteil). Ihr Führungsstil könnte gegen einige dieser ungeschriebenen Gesetze verstoßen. Sie werden dann ein Sonderling: Mitarbeiter sind Sie nicht, aber die Führungskräfte sehen Sie auch nicht als einen der ihren an. In solchen Unternehmen werden Sie keine Karriere machen können.

Fazit: Wann dieser Weg Erfolg verspricht

Dieser Weg ist der Erkenntnis geschuldet, dass Sie niemals ausschließlich Themen, sondern vor allem Menschen führen. Das bedeutet, sich mit Menschen aktiv auseinander zu setzen, um sie für das Projekt zu motivieren. Wann immer Sie und Ihr Projekt von Menschen abhängig sind, empfiehlt sich der Weg über eben diese Menschen. Und dieser Weg hat den Vorteil, dass Sie dafür keine Befugnisse brauchen. Das ist insbesondere für Projektleiter interessant, die ohne disziplinarische Weisungsbefugnis ein Projektteam führen müssen. Gleiches gilt für externe Berater in der Funktion des Projektleiters: keine organisatorische Macht, nur die Macht der inhaltlichen Überzeugung und der persönlichen Motivation.

Mein Weg: Alle integrieren – so bin ich vorgegangen

Mir war klar, dass ich vollkommen abhängig von meinen Teammitgliedern war. Ich brauchte sie alle: die stolzen Bereichsleiter, die freiheitsliebenden Trainer, die bürokratischen Veranstaltungskoordinatoren usw. Ich konnte nur durch sie Erfolg haben. Also machte ich mir einen Plan, wie ich jeden Einzelnen einbinden und motivieren könnte. Natürlich waren 30 Personen für ein Team zu viel. Ich bildete ein Kernteam aus zehn Personen. Die meisten davon wurden zu Leitern von separaten Arbeitsteams. Diese Organisationsstruktur visualisierte ich in einem Team-Organigramm (siehe S. 130). Aus meiner Stakeholder-Analyse (siehe S. 128) kannte ich ihre jeweilige Einstellung und ihre individuellen Bedürfnisse. Ich wusste also, wie ich jeden von ihnen packen konnte. Und so ging ich auf jedes Teammitglied einzeln zu – auf die einflussreichen zuerst. Ich machte mir ein Bild von jedem Teammitglied und vergewisserte mich, ob die Person fachlich kompetent, organisatorisch genügend einflussreich und persönlich geeignet für die Projektarbeit war. Bei der Einschätzung der Teammitglieder bediente ich mich des Modells der Teamrollen von Dr. Meredith Belbin (s. S. 135) und des Hirndominanz Instruments (siehe S. 137). Nachdem ich alle Teammitglieder kennengelernt hatte, führte ich ein Kick-off (siehe S. 131) mit allen Teammitgliedern durch, in einem Seminarhotel mit einem guten Kollegen als Moderator. Das Kick-off bestand aus einem Tag Präsentation der Projektinhalte, einem Tag Schulung in Kommunikation und Projektarbeit und einem Tag Workshop. In diesem Workshop klärten wir unsere Rollen und vereinbarten die Form der Zusammenarbeit: Spielregeln für die Teamarbeit (siehe S. 131), Meetings, Feedback (siehe S. 134), Umgang mit besonderen Situationen usw.

Von nun an waren die Schienen der Zusammenarbeit gelegt, insbesondere für virtuelle Teams, wie wir es auch waren, eine Grundvoraussetzung des Erfolgs. Ich konzentrierte mich jetzt darauf, die Weichen zu stellen und jeden Bahnhof zu besuchen. Ich führte jenseits der Meetings regelmäßige Einzelgespräche mit allen Teammitgliedern. Dabei bewegte ich mich bewusst auf beiden Ebenen des Eisbergmodells (siehe S. 133) und bemühte mich, gemäß dem Vier-Ohren-Modell (siehe S. 133) zu kommunizieren. Wir besprachen den Fortschritt und die Art der Zusammenarbeit. Abhängig von der jeweiligen Teamphase (siehe S. 137) konzentrierte ich meine Führung mal stärker auf Einzelpersonen oder auf die gesamte Gruppe. Die meisten Teammitglieder haben mich weniger als Führungsperson denn als Partner wahrgenommen. Mir war das recht.

Was aus dem Projekt wurde? Obwohl sich das Team als Ganzes nur sehr selten traf, entwickelte sich eine Begeisterung für das Projekt, die sogar in das Unternehmen ausstrahlte. Der Funke des Teamgeistes griff sehr bald auf die Teilnehmer der firmeninternen Weiterbildungsakademie über und kam dann wieder zurück ins Projektteam. Die Motivation hielt sich selbst am Leben. Wir übertrafen die Ziele: Es wurde nicht nur eine Weiterbildungsakademie aufgebaut, das Projekt wurde zur Keimzelle einer offenen und kooperativen Firmenkultur. Es war eine Erfolgsstory mit positiven Effekten über die Firmengrenzen hinweg.

KLARTEXT: VON DER ZWANGSGEMEINSCHAFT ZUM TEAM

1 Nehmen Sie von Anfang an Einfluss. Sorgen Sie dafür, dass Ihr Team nicht nur nach fachlicher Kompetenz und Verfügbarkeit, sondern auch nach sozialer Kompetenz und Mentalität zusammengestellt wird.

2 Ein Team entsteht nicht von selbst – Sie müssen viel dafür tun.

3 Sorgen Sie für eine hohe Identifikation mit den Projektzielen. Wer sich mit den Zielen identifiziert und für deren Erreichen motiviert wird, arbeitet dafür ganz von selbst effizient mit anderen zusammen.

4 Bauen Sie eine Beziehungsebene auf und führen Sie durch Kommunikation.

5 Führen Sie situativ: Seien Sie dem Projekt und Ihrem Team der Projektleiter, den es in der konkreten Situation braucht.

6 Thematisieren Sie Spannungen und Blockaden, um sie zu lösen. Suchen Sie Störungen und beseitigen Sie diese, denn verantwortlich für die Qualität der Teamarbeit sind Sie.

Das Management: Ihr Freund und Helfer?

DAS SZENARIO

Ich war Mitglied einer Gruppe von Projektleitern, die interne Prozess- und IT-Projekte berieten oder leiteten. Es gab einen großen Bedarf an Optimierungsmaßnahmen und daraus resultierenden Projekten. Jeder Projektleiter hatte mindestens zehn Projekte parallel zu führen. Und es wurden weitere Projekte vom Management in Auftrag gegeben – jeder sollte weitere Projekte organisieren und leiten. Für die Projekte wurden häufig dieselben Teammitglieder benannt, die damit mehrfach ausgelastet waren. Außerdem wurden wiederholt Mitarbeiter für das Tagesgeschäft abgezogen. Ich bekam immer mehr Projekte, aber immer weniger Mitarbeiter. Vom Management gab es keinerlei Unterstützung – nie war jemand erreichbar. Wie sollte ich das schaffen?

3

Wege zur Lösung

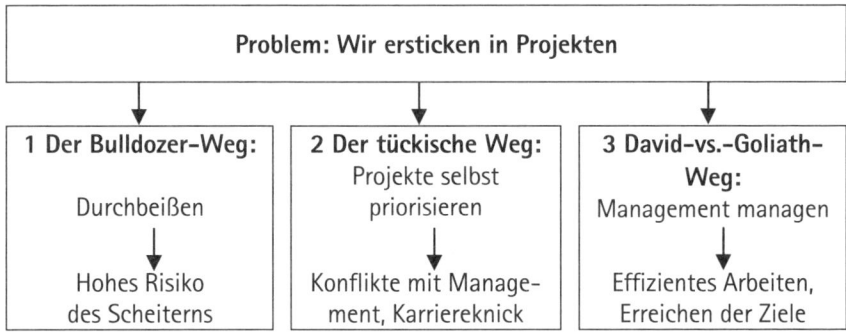

1 Der Bulldozer-Weg: Durchbeißen

Sie sind es als Projektleiter gewohnt, vor Herausforderungen zu stehen. Es gibt immer zu viele Projekte und zu wenig kompetente Mitarbeiter. Na und?

Sollen Sie deshalb jammern, weglaufen oder umschulen? Solche Probleme sind des Projektleiters täglich Brot. Und Sie haben sich noch immer durchgebissen und bewiesen, dass Sie es können. Geht nicht, gibt's nicht. Und Sie wissen auch, dass es geht – mit Ihrem persönlichen Erfolgsrezept:

- Sie kennen sich im Fachgebiet gut aus und können sich daher sehr schnell eine gutes Bild von Leistungsumfängen, Kosten und Terminen machen.

- Sie sorgen dafür, dass die gestellten Anforderungen eindeutig geklärt werden – sonst nehmen Sie das Projekt nicht an.

- Sie arbeiten mit Standards: Projektelisten, Arbeitspaketbeschreibungen, Terminpläne, Arbeitsvorlagen. Ihr System ist effizient und akzeptiert.

- Sie verfügen über eigene Mitarbeiter, auf die Sie sich verlassen können – eine „schnelle Eingreiftruppe" unter Ihrer Führung.

- Sie sind ein Kämpfertyp mit belastbarer Konstitution und Psyche. Wenn es hoch hergeht, drehen Sie erst richtig auf.

Im Grunde macht es Ihnen nichts aus, in Projekten zu ersticken – Sie tauchen einfach ein und arbeiten ab. Sie empfinden diese Situation nicht als Belastung und nehmen die Herausforderung selbstbewusst an.

Im Szenario sieht das Durchbeißen so aus: Ich verschaffe mir einen Überblick über alle meine Projekte und erstelle eine Projekteliste (siehe S. 138), in der alle Projekte mit ihren Eckdaten bezüglich Zielen, Kosten, Ressourcenaufwand, Terminen usw. aufgeführt sind. Unklare Projekte delegiere ich zurück mit der Bitte um detaillierte Darstellung der Ziele in meinem Musterformat. Ich entwickle nach und nach viele Standards: sowohl für Verfahrensweisen als auch für inhaltliche Lösungen. Demzufolge setze ich viele Projektmanagementmethoden ein: Zielkreuz, Stakeholder- und Risiken-Portfolio, Termin- und Ressourcenplanung. Auf jeden Fall plane ich mit großen Zeitreserven, und für Entscheidungen vom Management verwende ich eine Entscheidungsmatrix (siehe S. 48). Natürlich riskiere ich auch viel Mut zur Lücke, denn alles kann ich nicht 100-prozentig machen.

Gute Konstitution hin, Standards her – auch Sie kommen irgendwann an Ihre Grenzen. Erfahrung, Methodenkompetenz und Organisationstalent greifen nicht mehr, wenn Ihr Akku leer ist, Sie unkonzentriert sind und sich daher Fehler häufen.

So entschärfen Sie die Bombe
Sorgen Sie nicht nur für Ihre Projekte, sondern auch für sich. Setzen sie sich eine maximale Wochenstundengrenze und schaffen Sie sich Ausgleich für Ihre stressigen Werktage. Stellen Sie sicher, dass Sie abschalten können. Am besten keine Arbeit mit nach Hause nehmen und auch mobil nicht 24 Stunden am Tag erreichbar sein. Ganz wichtig: Stellen Sie sicher, dass es auch dann weiterläuft, wenn Sie mal nicht da sind – benennen Sie einen Stellvertreter und halten Sie ihn informiert.

3

Karriere: Wenn es Ihnen tatsächlich gelingt, die wesentlichen Projekte am Laufen zu halten und in einem akzeptablen Zeitrahmen zum Erfolg zu führen, sind Sie der neue Star am Projektleiterhimmel. Sie haben sich unter Druck bewährt und sich nicht aus der Ruhe bringen lassen. Ihre Karriere wird ganz von selbst den Weg nach oben einschlagen. Als Berater haben Sie Ihre Feuertaufe bestanden: Für Sie gehören lange Arbeitstage, Dauerstress und parallele Projekte zum Arbeitsalltag.

Qualität: Sie sind gezwungen, Ihre Aufmerksamkeit auf Ihre Projekte zu verteilen. Nehmen wir das Beispiel einer Familie. Ein Einzelkind bekommt die volle Aufmerksamkeit der Eltern und läuft eher Gefahr, verzogen als vernachlässigt zu werden. Bei zwei bis drei Kindern können die Eltern noch für eine gleichmäßige Verteilung ihrer Aufmerksamkeit sorgen. Bei vier und mehr Kindern werden die Eltern nur noch reagieren können: Wer gerade am lautesten schreit, um den kümmert sich einer. Sie sind vergleichbar einem alleinerziehenden Vater vieler Kinder – und die sind keineswegs Selbstläufer. Das wird sich negativ auf Ihre Projekte auswirken, unter anderem auf deren Qualität. Selbst mit vielen Standards und Routinen hätten Sie gar keine Zeit, eine aufwändige Qualitätssicherung durchzuführen. Ihre Strategie muss viel „Mut zur Lücke" zulassen, um überhaupt voran zu kommen.

Termin: Wie ein Jongleur müssen Sie versuchen, alle Bälle irgendwie in der Luft zu halten; es darf bloß keiner runter fallen. Hier eine schnelle Aktion, dort eine Statusabfrage, hier wieder eine Maßnahme einleiten. Sie können selten etwas richtig zu Ende bringen, weil Sie ständig wieder etwas anderes auffangen müssen. Fazit: Sie machen alles parallel, aber nichts ganz. Das kostet Zeit. Zumindest die Zeit, die Sie sich immer wieder neu in das aktuell dringendste Projekt einarbeiten müssen, um die Fäden wieder aufzunehmen. Meistens aber auch die Zeit, in der Projekte einfach liegen bleiben werden, weil Sie nicht dazu kommen.

Kosten: Auf diesem Wege hat niemand Zeit, Dinge richtig zu tun – hier sind kostenintensive Fehler vorprogrammiert.

Karriere: Wenn Sie an den Anforderungen scheitern, die dieser Weg mit sich bringt, wird das Ihre Karriere gefährden. Führen Sie Ihre Projekte trotz aller widrigen Umstände jedoch zum Erfolg, könnte auch das gegen Ihre Karriere sprechen: Warum jemanden von einem hoffnungslosen Posten abziehen, den er erfolgreich ausübt? Dann bleiben Sie, wo Sie sind.

Fazit: Wann dieser Weg Erfolg verspricht

Dieser Weg klingt ein wenig nach Himmelfahrtskommando: hohes Risiko, hoher Einsatz, unsicheres Ende. Er ist nur als kurzzeitiger Notweg eine gangbare Variante. Steht also die Menge an Projekten nur einen kurzen, absehbaren Zeitraum in einem Missverhältnis zur Anzahl verfügbarer und kompetenter Mitarbeiter – dann ist dieser Weg möglich. Diese Situation stellt ein typisches Betätigungsfeld für externe Berater dar: eine befristete Einsatzdauer unter extremen Bedingungen. Aber auch externe Beratungsunternehmen werden dann ein bewährtes Beraterteam einsetzen. Für Angestellte gilt jedoch: Sich einen Zeitraum von maximal drei Jahren setzen, den Job erfolgreich ausüben und sich währenddessen für bessere Jobs empfehlen.

2 Der tückische Weg: Projekte selbst priorisieren

Das ist typisch: Die Häuptlinge delegieren und verschwinden dann wieder. Übrig bleibt ein Haufen Projekte und eine Handvoll Indianer, die alles abarbeiten müssen. Sie sind einer der Indianer. Sie arbeiten bis zum Anschlag, tun alles Mögliche und Unmögliche. Aber es ist eine Sisyphos-Arbeit. Je effizienter Sie arbeiten, desto mehr Projekte rücken nach. Und wenn Sie fragen, welches Projekt besonders wichtig oder dringend ist, bekommen Sie stets dieselbe Antwort: Alles ist wichtig, Nichts kann warten. Also bleibt nur der Ausweg, selbst zu priorisieren. Sie müssen entscheiden, welche Projekte Vorfahrt bekommen und welche liegen bleiben können. Aber Sie haben ein mulmiges Gefühl, denn dieser Weg hat einen Haken: Bedeutet die Priorisierung von Projekten nicht auch Verantwortung? Dürfen Sie das? Wie wird das Management reagieren? Wird man Sie zur Verantwortung ziehen? Das kann ja wohl nicht sein! Wie soll das Management Sie zu der Verantwortung ziehen, vor der sich das Management vorher selbst gedrückt hat? Sie handeln in Notwehr. Außerdem priorisieren Sie die Projekte nach klaren Kriterien:

- Je wichtiger der Auftraggeber, desto wichtiger das Projekt.
- Je penetranter der Auftraggeber, desto wahrscheinlicher die Bearbeitung.
- Je höher die Anzahl der wartenden Kunden, desto wichtiger das Projekt.
- Je geringer der Aufwand, desto wahrscheinlicher die Bearbeitung.

Sie handeln also für das Management. Wenn die dort oben keine Prioritäten setzen, dann machen Sie das eben. Nicht unbedingt immer im Sinne des Unternehmens, aber praktikabel und Ihrer Situation angemessen.

Im Szenario gehe ich diesen Weg so: Ich muss entscheiden, welche Projekte wichtiger sind und welche nicht. Einige Projekte kann ich sofort einstufen, weil sie bereits in Arbeit, kurz vor Fertigstellung oder aus meiner persönlichen Sicht inhaltlich wichtig sind. Für die restlichen Projekte untersuche ich in einer Stakeholder-Analyse (siehe S. 128) die Relevanz der Auftraggeber und mittels einer Ressourcenplanung (siehe S. 45) die Höhe des Aufwands. Außerdem prüfe ich, ob Projekte miteinander in Verbindung stehen und als Ganzes beurteilt werden müssen.

VORSICHT BOMBE!

Aus Ihrer Perspektive mag dieser Weg sinnvoll erscheinen. Das Management wird das ganz anders sehen. Man wird Ihnen Kompetenzüberschreitung und Arbeitsverweigerung vorwerfen. Wenn Sie Glück haben, werden sich Ihre verschiedenen Auftraggeber im Kampf um die Vorfahrt gegenseitig angehen. Dann sind Sie aus dem Fokus raus. Wenn Sie Pech haben, werden Sie der Sündenbock aller Auftraggeber.

So entschärfen Sie die Bombe

Erklären Sie Ihrem Vorgesetzten Ihr Vorgehen und holen Sie seine Freigabe ein. Entscheiden Sie mit ihm, welche Projekte priorisiert werden. Sollte er trotzdem die Bearbeitung aller Projekte fordern, fragen Sie ihn jeden Tag, welches Projekt Sie heute bearbeiten sollen. So muss er Farbe bekennen oder Ihnen freie Hand lassen. Auch Ihren Auftraggebern sollten Sie Ihr Vorgehen transparent machen. Veröffentlichen Sie Ihre Projekteliste. So kann jeder Auftraggeber den Status seiner und anderer Projekte erkennen. Stoßen Sie auf Unmut, verweisen Sie auf Ihren Vorgesetzten.

 PRO

Qualität: Sie wollen die aus Ihrer Sicht wichtigen Projekte richtig machen. Dieser Weg bietet die Chance dazu. Sie fokussieren sich auf wenige Projekte, um diese strukturiert abarbeiten zu können. So haben Sie für die einzelnen Projekte die Möglichkeit, Qualität zu planen und deren Umsetzung zu verfolgen.

Termin: Sie fokussieren Ihre und andere Kapazitäten auf wenige Projekte. So stellen Sie sicher, dass die benötigten Ressourcen auch tatsächlich zur Verfügung stehen. Neben der daraus resultierenden Planungssicherheit steigt die Wahrscheinlichkeit, Projekte zu dem geforderten Endtermin fertig zu stellen.

Kosten: Wer sich auf eine überschaubare Anzahl an Projekten beschränkt, kann sich intensiver um diese Projekte kümmern. Dies ermöglicht eine bessere Kostenplanung und -kontrolle, die Grundsteine für die Budgeteinhaltung.

 CONTRA

Qualität: Die Projekte, die Sie machen, machen Sie richtig. Das ist gut für diese. Aber machen Sie aus Sicht des Unternehmens auch die richtigen Projekte?

Termin: Sie legen die Prioritäten für Projekte in Ihrem Einflussbereich fest. Jenseits Ihres Einflussbereichs werden mit Sicherheit andere Prioritäten gelten. Das ist schlecht für Projekte, die Ihren Einflussbereich überschreiten. Diese Projekte werden im Unternehmen unterschiedlich behandelt und bleiben zeitweise liegen. Für diese Projekte greift das Dominoprinzip: Wird die Kette der kontinuierlichen Bearbeitung unterbrochen, geht es nicht weiter – zulasten des Endtermins.

Karriere: Prioritäten setzen ist schwierig und macht selten beliebt. Wer priorisiert, wird oft angefeindet von denen, die sich als Verlierer der Priorisierung fühlen.

Fazit: Wann dieser Weg Erfolg verspricht

Viele Managementvertreter werden in Ihnen den gefürchteten schwierigen Mitarbeiter sehen und nicht gut auf Sie zu sprechen sein. Vor allem in einer autoritären Unternehmenskultur wird man Ihr Verhalten wahrscheinlich nicht akzeptieren. In einer kooperativen Unternehmenskultur wird man Sie wohl in Ruhe lassen, weil kein anderer Ihren Job machen will, aber auch dann haben Sie Ihre Endstation in diesem Unternehmen erreicht, denn mit einer Beförderung ist nicht zu rechnen.

3 David-vs.-Goliath-Weg: Management managen

Von einem Manager dürfen Sie erwarten, dass er das Ziel und die Richtung des Unternehmens kennt und die zur Verfügung stehenden Ressourcen effizient für die Zielerreichung einsetzt. Das ist bei Ihnen anders? Ihr Manager reicht alles ungeprüft an Sie durch? Dann lautet meine Frage an Sie: Was können Sie tun, um Ihren Manager bei seiner Aufgabe zu unterstützen? Wie können Sie ihn managen bzw. wie können Sie ihn dazu bringen, dass er managt und Sie sinnvoll arbeiten können? Versetzen Sie sich in seine Lage. Was braucht er, um Prioritäten setzen zu können? Sie wüssten sofort, was Sie brauchten, wenn es um die Priorisierung von Projekten geht:

- Wie viel Kapazität welcher Ressourcen steht maximal zur Verfügung?
- Wie viel Kapazität ist davon für das Tagesgeschäft reserviert und wie viel steht für Projekte zur Verfügung?
- Welche Projekte laufen aktuell oder stehen künftig an?
- Wie hoch ist der Bedarf an Ressourcen eines jeden Projekts?
- Welchen Nutzen hat ein Projekt – finanziell und strategisch?
- Welche Risiken hat ein Projekt?
- Wer darf entscheiden, welche Projekte die richtigen sind?

Natürlich müssten Sie Ihr Management davon überzeugen, dass die Antworten auf diese Fragen helfen werden. Ihr Ziel wäre, mit dem Management eine Infrastruktur aufzubauen, in der eine Priorisierung von Projekten organisiert ist. Davon profitierten alle, das Management, die Projekte und nicht zuletzt auch Sie selbst. Im Szenario sähe dieser Weg so aus: Ich muss all meinen Mut zusammennehmen und gehe nach Rücksprache mit meinem Vorgesetzten auf einen hochrangigen Managementvertreter zu, den ich vorher sorgsam ausgewählt habe. Sein Wort hat im Hause Gewicht, er ist am Erfolg von Projekten und des Unternehmens interessiert, er ist veränderungsbereit und zugänglich für Verbesserungsvorschläge von der Basis und er hat Erfahrung mit Projektarbeit. Er ist der richtige für meinen Vorschlag: ein funktionierendes Multiprojektmanagement für Projekte (siehe S. 142). Eine Gruppe der wichtigsten Managementvertreter bildet einen zentralen Lenkungskreis (siehe S. 139), der regelmäßig über die Freigabe, die Priorisierung und die Beendigung von Projekten entscheidet. Eine unterstützende Arbeitsgruppe gleicht den Ressourcenbedarf gegen die verfügbaren Ressourcen ab, trägt die Projekte in einem Projekt-Portfolio (siehe S. 140) auf und arbeitet Entscheidungsvorlagen mit alternativen Szenarien für den Lenkungskreis aus.

 VORSICHT BOMBE!

Sie machen einen Vorschlag, wie das Management besser arbeiten soll und erwarten ernsthaft Dank? Machen Sie sich klar, was Sie da gerade sagen: „Hallo Chef, Sie machen Ihre Arbeit nicht richtig, aber kein Problem, ich kann Ihnen helfen."

So entschärfen Sie die Bombe
Sie müssen auf jeden Fall verhindern, dass Ihr Vorschlag als Anklage verstanden wird. Am besten gehen Sie zuerst gar nicht auf Ihre Situation und Ihr Unternehmen ein. Reden Sie von einem anderen Unternehmen oder von einem Seminar, das Sie besucht hätten. Auf die Realität können Sie später eingehen – am besten Ihr Gegenüber schlägt diese Brücke selbst. Sprechen Sie die Zauberformeln des Managements und argumentieren Sie mit einem hohen Nutzen: mehr Transparenz, mehr Verbindlichkeit, mehr Planungssicherheit, weniger Chaos, erfolgreiche Projekte, weniger Fluktuation. So finden Sie Gehör.

Termin: Erst wenn der Ressourcenbedarf von Projekten mit der Ressourcenverfügbarkeit im Unternehmen abgeglichen wird, entstehen realistische Termine, die auf einer belastbaren Planung beruhen. So können fixierte und vereinbarte Termine auch eingehalten werden – Terminverzug wird seltener.

Kosten: Werden Projektbudgets in einem Managementgremium vorgestellt und in Form von Projektaufträgen freigegeben, wird man sich bei der Kalkulation dieser Projektbudgets sehr bemühen. Diese Vorgehensweise wird zu Planungssicherheit und Budgeteinhaltung führen. Es wäre sehr peinlich für Projektverantwortliche, wenn Budgets wiederholt nach oben korrigiert werden müssten.

Karriere: Sollte Ihr Vorschlag erfolgreich umgesetzt werden, haben Sie gleich mehrfach gewonnen. Sie leiden nicht länger unter der Projektflut, Sie werden als Initiator einer organisatorischen Verbesserung geschätzt, Sie haben Zugang zu hochrangigen Managementvertretern, Sie haben die Möglichkeit, ins Multiprojektmanagement zu wechseln – optimale Voraussetzungen für einen Karrieresprung.

Termin: Wenn Projekte nur nach sorgfältiger Vorbereitung in einem Lenkungskreis freigegeben werden können, dann vergeht hierfür viel Zeit: Zeit für die intensive Vorbereitung und Zeit, bis Ihr Projekt ein begehrtes Zeitfenster in einem der nächsten, meist monatlich stattfindenden Lenkungskreis-Meetings bekommt. Ein schneller und pragmatischer Projektstart sieht anders aus.

Karriere: Sollte Ihr Vorschlag aufgrund ungünstiger Voraussetzungen nicht zum Erfolg führen, sind Sie natürlich der Buhmann. Erst schaffen Sie Ihre Projekte nicht, dann sagen Sie dem Management, wie es zu arbeiten hat und dann wird viel Zeit für ein fehlgeschlagenes Konzept vergeudet. Die Kritiker von Transparenz und Verbindlichkeit werden jubeln – und Sie sind in diesem Unternehmen verbrannt.

Fazit: Wann dieser Weg Erfolg verspricht

Dieser Weg ergänzt die Unternehmensorganisation um eine Plattform für das übergeordnete Management von Projekten. In einer Matrixorganisation gehört Multiprojektmanagement zu den zwingenden Voraussetzungen einer erfolgreichen Geschäftstätigkeit. Je höher die Anzahl der Projekte und je unterschiedlicher ihre Merkmale, desto notwendiger wird eine zentrale Instanz, die den Überblick behält, Vorfahrtregeln einführt und deren Einhaltung gewährleistet. Sollten Sie also längerfristig mit bereichsübergreifenden Projekten in einem Umfeld mit dauerhaft angespannter Ressourcensituation zu tun haben, dann ist das Ihr Weg – nicht von heute auf morgen, aber mit vielen kleinen Schritten. Wenn Sie über einen guten Zugang zum oberen Management verfügen, ist das ein weiteres Argument für diesen Weg. Ansonsten können Sie in einem kleineren Wirkungskreis ein Mini-Multiprojektmanagement installieren, mit einem weniger mächtigen Lenkungskreis im mittleren Management. Mit diesem „Pilot" können Sie bereits wertvolle Erfahrungen sammeln und das Konzept erproben.

Mein Weg: Einbindung der Geschäftsführung – so bin ich vorgegangen

Ich organisierte einen Workshop mit meinen Projektleiterkollegen mit dem Ziel, einen Überblick über alle laufenden Projekte zu bekommen. Wir erstellten eine Gesamtliste, in der alle Projekte mit ihren Eckdaten aufgeführt wurden. Dann summierten wir die Ressourcenpläne aller Projekte und glichen sie mit den zur Verfügung stehenden Kapazitäten ab. Das Ergebnis war erstaunlich: Selbst ohne Berücksichtigung des Tagesgeschäfts hätten wir die doppelte Belegschaft des Unternehmens benötigt, um alle Projekte termingerecht abschließen zu können. Die entscheidende (strategische) Frage lautete nun: Priorisierten wir richtig und machten wir die richtigen Projekte? Welche Projekte waren wirklich A-Projekte und welche eben doch nur B- oder gar C-Projekte? Wir erstellten für jedes Projekt eine Nutzenanalyse (siehe S. 139) und stellten alle Projekte anhand ihres strategischen und finanziellen Nutzens in einem Projekt-Portfolio (siehe S. 140) dar.

Für Controller und Kaufleute attraktive Projekte haben Amortisationszeiten von unter drei Jahren. Geschäftsführer interessieren sich besonders für Projekte, die ihre Strategie unterstützen und wenige Ressourcen binden. Die wirklich wichtigen Projekte stellen die Schnittmenge aus beiden Perspektiven dar. Der alte Pareto hatte mal wieder recht: Mit 20 Prozent aller Projekte hätte 80 Prozent des Nutzens erreicht werden können – ohne eine Verdopplung der Belegschaft. Mit diesen Informationen sprach ich den kaufmännischen Geschäftsführer an. Bei ihm war ich mir sicher, dass er meine Gedanken aufnehmen würde. Er präsentierte meine Unterlagen in der Geschäftsführung, die sofort handelte. Ein Großteil der Projekte wurde gestoppt, nur die gesetzlich obligatorischen, finanziell und strategisch attraktivsten Projekte wurden weitergeführt.

Es wurde ein Lenkungskreis gebildet, bestehend aus der Geschäftsführung und den Bereichsleitern. Der Lenkungskreis tagte jeden ersten Montag des Monats zur Freigabe, Statusberichterstattung (siehe Tool Statusbericht auf S. 141) und Steuerung aller Projekte. Als Entscheidungsvorlagen wurden Ressourcendarstellungen und ein Projekt-Portfolio von der neuen Abteilung Ressourcensteuerung vorbereitet. Zusätzliche Projekte mussten vor einem Projektstart detailliert geplant und beschrieben werden: Was ist der Nutzen, welches Budget und welche Ressourcen werden wann benötigt, wie hoch sind die Risiken usw.? Auf dieser Basis wurde entschieden, ob Projekte wichtig genug waren. Es gab Projekte, die nicht freigegeben wurden, und manchmal mussten sogar laufende Projekte verschoben oder unterbrochen werden, weil ein wichtigeres Projekt gestartet werden sollte. Und noch ein Problem konnte gelöst werden. Die Kannibalisierung der Projektteams gehörte nun der Vergangenheit an. Ressourcenanforderungen wurden vor einem Projektstart mit den betroffenen Abteilungen abgesprochen, so dass auch der Terminplan auf Ressourcenzusagen aufsetzen konnte. Die vorgezogenen Planungen basierten auf internen Vereinbarungen zwischen Projekt und Fachabteilung. Jeder Projektstart war nur noch die Unterschrift unter einen ausformulierten Vertrag. Spätere Ressourcenverschiebungen brauchten die Freigabe aus dem Lenkungskreis.

Hat sich das alles gelohnt? Es hat einige Jahre gedauert, bis das neue System die letzten Winkel des Unternehmens erreicht und jeder begriffen hatte, dass es für Projekte nur diesen Weg gibt. Aber eine interne Umfrage und eine Analyse aus dem Controlling ergaben nach dem dritten Jahr ein eindeutiges Ergebnis: Die Projekte erreichten häufiger und schneller ihr Ziel und kosteten weniger als vorher.

KLARTEXT: DAS MANAGEMENT: IHR FREUND UND HELFER?

1 Wer meint, alles ist wichtig, drückt sich um seine Verantwortung, Prioritäten zu setzen. Wenn alles wichtig ist, wird nichts fertig.

2 Nur wer vergleicht, kann priorisieren. Beschreiben Sie den strategischen und finanziellen Nutzen eines jeden Projekts in messbarer Form.

3 Behalten Sie den Überblick. Tragen Sie alle Projekte in ein Projekt-Portfolio ein, das Sie regelmäßig pflegen.

4 Priorisieren bedeutet entscheiden. Wer entscheidet, sollte über Macht und Akzeptanz verfügen.

5 Nach dem Priorisieren kommt das Umsetzen: Stellen Sie die Kommunikation und Einhaltung von Priorisierungen sicher, sonst droht Chaos.

Diese Tools brauchen Sie

 NÜTZLICHE TOOLS

Tool	Beschreibung, Stärken/Schwächen	Aufwand Nutzen
Stakeholder-Analyse ⬇	Methode zur Darstellung der Beziehungen zwischen Stakeholdern und zur Untersuchung der jeweiligen Bedürfnisse und Motive.	●● ★★★★★
Review	Methode zur systematischen Überprüfung eines (Teil-) Ergebnisses. Einfach, effektiv und bekannt. Muss gut vorbereitet und vorher vereinbart sein.	● ★★★★★
Team-Organigramm	Format zur Visualisierung der Projektteammitglieder entsprechend ihrer organisatorischen Zuständigkeiten. Kompakt und übersichtlich.	●● ★★★★
Kick-off ⬇	Erstes Projektteam-Meeting und offizieller Projektstart, um alle Beteiligten auf den gleichen Informationsstand zu bringen. Standard im Projektmanagement. Wird inhaltlich oft überfrachtet.	●● ★★★★★

Tool	Beschreibung, Stärken/Schwächen	Aufwand Nutzen
Spielregeln für die Teamarbeit	Regeln für die Zusammenarbeit im Team. Leicht verständlich und praktikabel. Disziplin zur Einhaltung muss regelmäßig eingefordert werden. Manchmal als Esoterik verschrien.	● ✶✶✶✶
Projektteam-Meeting ⬇	Regelmäßige Teambesprechung. Unersetzliche Plattform für den Informationsaustausch. Wahrung der Balance zwischen Vollständigkeit und Kompaktheit schwierig.	●●● ✶✶✶✶✶
Eisbergmodell	Modell für den Zusammenhang von Sach- und Beziehungsebene. Horizonterweiternd, aber herausfordernd in der Umsetzung.	●●● ✶✶✶✶✶
Vier-Ohren-Modell nach Schulz von Thun	Modell zur Versinnbildlichung der Kommunikation zwischen Sender und Empfänger. Sehr einprägsam. Nicht einfach im Arbeitsalltag.	●● ✶✶✶✶✶
Feedback	Instrument der Kommunikation. Einfach und wirkungsvoll. Hohes Risiko für die Beziehung bei unsachgemäßer Anwendung.	●●● ✶✶✶✶✶
Modell der Teamrollen nach Dr. M. Belbin	Modell zur Einstufung der Teammitglieder in Verhaltenstypen. Optimiert die Teamzusammensetzung. Eher statisches Denkmodell.	●● ✶✶✶✶
Hirndominanz Instrument (HDI) nach N. Herrmann	Modell zur Einstufung von Personen anhand ihrer Gehirndominanz. Erklärt und erleichtert den Umgang mit Menschen. Bedarf der intensiven Erfahrung in der Anwendung.	●●● ✶✶✶✶✶
Teamentwicklungsphasen (B. W. Tuckman)	Modell über die vier Phasen der Teamentwicklung. Kompakt und hilfreich. Bedarf der Erfahrung in der Anwendung.	●●● ✶✶✶✶
Projekteliste	Tabellarische Übersichtsdarstellung der Merkmale aller Projekte. Kompakt und übersichtlich. Erfordert eine disziplinierte Pflege.	● ✶✶✶✶

Tool	Beschreibung, Stärken/Schwächen	Aufwand Nutzen
Lenkungskreis	Entscheidungs- und Steuerungsgremium für alle Projekte eines Unternehmens. Mächtige Instanz. Bedarf intensiver organisatorischer und methodischer Unterstützung.	●● ★★★★
Nutzenanalyse ⊙	Methode zur Darstellung des strategischen und finanziellen Nutzens. Schafft Akzeptanz und Übersicht. Hoher Aufwand und komplex. Bedarf einer Tabellenkalkulationssoftware.	●●●● ★★★★
Projekt-Portfolio	Bildliche Übersichtsdarstellung aller Projekte. Erfordert eine disziplinierte und aufwändige Pflege.	●● ★★★★★
Nutzwertanalyse ⊙	Methode zum Vergleich von Lösungsalternativen. Bewährte Standardmethode. Anspruchsvoll in der Handhabung. Tabellenkalkulation.	●●● ★★★
Statusbericht ⊙	Berichtsformat für Projekte. Kompakt und übersichtlich, meist als Tabelle. Erfordert Disziplin für eine regelmäßige Anwendung.	●● ★★★★
Multiprojekt-management	Methode zur ganzheitlichen Betrachtung aller Projekte eines Unternehmens. Koordination der Ressourcen im Sinne der Unternehmensstrategie. Sehr aufwändig.	●●●● ★★★★★

Die mit dem Icon ⊙ gekennzeichneten Tools können Sie im Internet unter www.projektmagazin.de/klartext abrufen.

Die besten Tools – wie Sie funktionieren

Stakeholder-Analyse ⊙

Aus dem Stakeholder-Portfolio (siehe S. 38) sind der Einfluss und die Einstellung der verschiedenen Interessengruppen eines Projekts bekannt. Insbesondere Stakeholder mit hohem Einfluss sollten nun genauer untersucht werden. In einer Stakeholder Analyse werden die Interessengruppen eines Projekts auf ihre Bedürfnisse und Motive hin durchleuchtet: Was ist dem einzelnen Stakeholder wichtig, was braucht er, was motiviert ihn? Diese Erkenntnisse ergeben im Abgleich mit den Projektzielen wichtige Hinweise für den geeigneten Umgang mit den Stakeholdern im Sinne des Projekts.

Stakeholder	Motive & Bedürfnisse	Umgang

Übersicht: Vorlage für Stakeholder-Analyse

Dabei ist die Kenntnis der Beziehungen zwischen den Stakeholdern wichtig: Wer kennt wen, ist befreundet, verfeindet, neutral gegenüber wem und welche Motive und Bedürfnisse passen zusammen oder widersprechen sich? Das Beziehungsgeflecht zwischen den Stakeholdern hat Einfluss auf die Art und Weise der Interaktion mit den Stakeholdern.

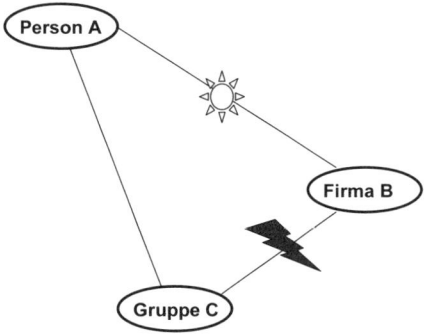

Abbildung: Beziehungsgeflecht Stakeholder

Review

Ein Review ist ein Instrument der Qualitätssicherung und Fortschrittsermittlung. Anhand einer individuellen Checkliste wird das bisherige Ergebnis überprüft und kommentiert. Ein Review ergibt eine Nachbesserung oder Abnahme der vorliegenden Arbeitsleistung bzw. des vorliegenden Produkts. Andere Begriffe sind Qualitätscheck, Audit, Rückblende, Statusermittlung.

Team-Organigramm

Das Projektteam (Kernteam) besteht aus folgenden Personen: dem Projektleiter, dem kaufmännischen Projektleiter (sofern erforderlich), den Teilprojektleitern und zusätzlichen unterstützenden Funktionen (sofern erforderlich). Den Teilprojektleitern stehen fachbezogene Projektmitarbeiter zur Verfügung, die bei Bedarf (abhängig von der Personenzahl) in Teilteams organisiert und von den Teilprojektleitern geführt werden. Bei größeren Projekten sollten unterstützende Tätigkeiten (Qualitätssicherung, Controlling, Dokumentation) von spezialisierten Querfunktionen übernommen werden. Für jede Funktion im Organigramm sollte eine Rollenbeschreibung vorliegen. Das Projektteam wird meist als Organigramm oder in Kreisform dargestellt.

Projektleiter					
Kaufmännischer Projektleiter					
Teilprojekt-leiter	TPL	TPL	TPL	TPL	TPL
Projekt-mitarbeiter	PMA	PMA	PMA	PMA	PMA
PMA	PMA	PMA	PMA	PMA	PMA
PMA	PMA	PMA	PMA	PMA	PMA
PMA	PMA	PMA	PMA	PMA	PMA
Support-Funktion: Qualitätssicherung					
Support-Funktion: Termin- und Kostencontrolling					
Support-Funktion: Dokumentation					

TPL = Teilprojektleiter
PMA = Projektmitarbeiter

Übersicht: Das Projektteam

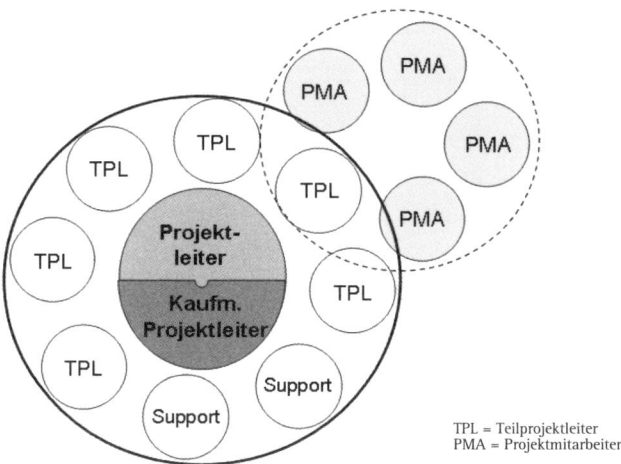

Abbildung: Das Projektteam

TPL = Teilprojektleiter
PMA = Projektmitarbeiter

Kick-off

Die Kick-off-Veranstaltung stellt den offiziellen Start eines Projekts dar und sollte in der Regel maximal zwei Stunden dauern, danach lässt die Aufnahmefähigkeit nach (Ausnahme: mehrtägige Kick-Off-Workshops, falls notwendig, siehe S. 113). Im Kick-off werden alle Beteiligten auf den gleichen Informationsstand gebracht und die Regeln für die Projektarbeit definiert. Der Projektleiter lädt die Teammitglieder und ggf. weitere Personen ein. Das Kick-off ist kein Arbeits-, sondern ein Informationsmeeting. Offene Punkte werden dokumentiert und entsprechende Klärungsgespräche vereinbart.

Spielregeln für die Teamarbeit

Spielregeln für die Teamarbeit bieten sich vor allem an, wenn die Teammitglieder noch nie in dieser Konstellation zusammen gearbeitet haben. Wer zu Beginn gemeinsame Regeln und Werte erarbeitet und vereinbart, legt den Grundstein für ein gemeinsames Verständnis der Zusammenarbeit und für eine Teamkultur. Antworten auf die folgenden hilfreichen Fragen sollten in einem Workshop als Ergebnisse verbindlich vereinbart werden:

- Welches Verhalten ist uns in Besprechungen wichtig?
- Wie kommunizieren wir miteinander und nach außen?

- Wofür besteht eine Bring- und wofür eine Holschuld?
- Wie organisieren wir die Termin- und Kostenverfolgung?
- Wie organisieren wir das Änderungs- und Claims Management?
- Wie wollen wir uns Feedback geben?
- Wie gehen wir im Team mit Konflikten um?
- Was möchten wir aktiv zu einer positiven Teamkultur beitragen?
- Wie setzen wir konkret Eigenverantwortung und Selbstinitiative um?
- Wie steigern wir die Kooperation und Leistungsbereitschaft im Team?
- Wie gehen wir mit nicht eingehaltenen Zusagen und Abweichungen um?
- Welche Vertreterregelungen stellen wir auf (bei Krankheit, Urlaub etc.)?
- Wie führen wir Protokoll?
- Wie und wann führen wir ein Review unserer Zusammenarbeit durch?

Projektteam-Meeting 💿

In einem Projektteam-Meeting wird über den Stand des Fortschritts informiert und es werden offene Punkte angesprochen. Projektteam-Meetings sollten regelmäßig (als jour fixe) und strukturiert durchgeführt werden und maximal zwei Stunden dauern (lieber kürzer und häufiger als länger und seltener). Der Projektleiter lädt die Mitglieder des Projektteams und, falls erforderlich, weitere Personen ein. Ein regelmäßiges Projektteam-Meeting ist kein Arbeitsmeeting, sondern ein Statusmeeting. Identifizierte Probleme und Fragen werden gesammelt und, sofern sie nicht für alle Teammitglieder von Interesse sind, für separate Meetings zur Klärung anberaumt. Als Protokoll empfiehlt sich eine Tabelle (in einer Tabellenkalkulationssoftware), in der Teilnehmer, offene Punkte und Beschlüsse zentral verwaltet werden.

Eisbergmodell

Die Ursachen für das Verhalten und für den Umgang mit Themen auf der Sachebene sind sehr stark mit Aspekten und Merkmalen auf der Beziehungs-ebene verbunden und wurzeln tief in Prägung, Persönlichkeit, Umgebungs-bedingungen und Kultur der jeweiligen Person. Wir müssen uns damit abfinden, dass es keine objektive Realität gibt – nur individuelle Bilder der Welt, die durch subjektive Filter wahrgenommen werden. Umso komplexer wird die Führung und Zusammenarbeit, wenn man bedenkt, dass hier permanent unterschiedlichste „Eisberge in turbulenten Gewässern aufeinander treffen", von denen man nur den sichtbaren Teil wahrnehmen kann, während der größte Teil von ihnen verborgen bleibt. Wer sich hier als bewusster und kompetenter Lotse erweisen will, muss folglich „unter die Oberfläche" schauen und neben der Sach- vor allem auch die Beziehungsebene berücksichtigen, ansprechen und in sein Handeln einbeziehen.

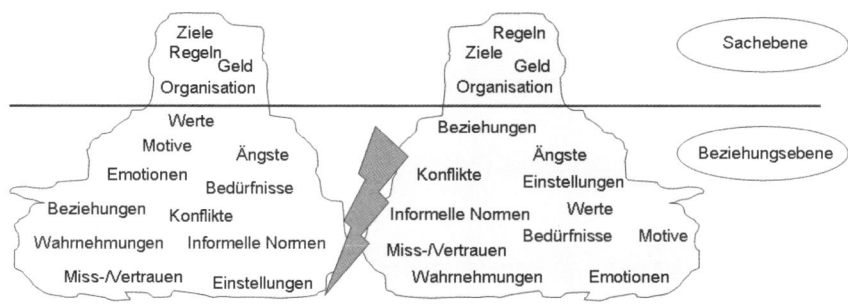

Abbildung: Eisbergmodell

Vier-Ohren-Modell nach Friedemann Schulz von Thun

Das Kommunikationsmodell von Friedemann Schulz von Thun betrachtet vier Aspekte einer Nachricht. Wirkliche Verständigung zwischen einem Sender und Empfänger erfordert demnach eine Übereinstimmung aller vier Aspekte auf beiden Seiten.

Abbildung: Kommunikationsmodell nach Schulz von Thun

Das Paradebeispiel dafür ist die Situation eines im Auto sitzenden Ehepaars. Das Auto steht vor der Ampel an einer Kreuzung. Die Frau sitzt am Steuer, der Mann sagt zu seiner Ehefrau: „Die Ampel ist grün."

- Sachinhalt: Die Ampel ist grün.
- Appell: Gib Gas, damit wir vorwärts kommen.
- Selbstoffenbarung (ich über mich): Ich habe es eilig.
- Beziehung (ich über dich): Ich schätze deinen Fahrstil nicht.

Die Botschaft hieraus für Projekt- und Teamleiter lautet: Kommunizieren Sie bewusst auf den vier Kanälen zwischen Sender und Empfänger. Überlassen Sie es nicht dem Zufall, was auf den vier Kanälen beim Empfänger ankommen könnte, sondern versetzen Sie sich in seine individuelle Lage und hören Sie Ihre eigene Nachricht mit den Ohren des Empfängers.

Feedback

Feedback ist das gegenseitige Übermitteln der eigenen Wahrnehmung:

- Feedback zu geben, entlastet von Eindrücken, die „gesagt werden wollen". Wer Feedback gibt, leistet ein Stück Selbstoffenbarung, in der die eigenen Werte, Ziele und Verhaltensweisen für andere Personen nachvollziehbar werden.
- Wer Feedback bekommt, erfährt die Fremdwahrnehmung seiner Umgebung. Feedback ist ein wertvolles Gut. Feedback zu bekommen, kann den eigenen „blinden Fleck" reduzieren.

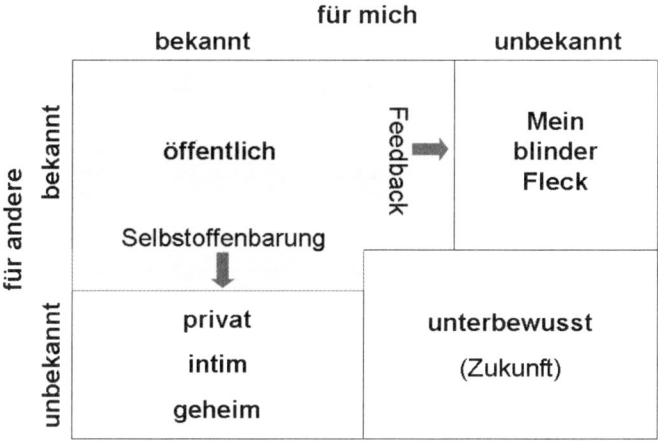

Abbildung: JOHARI-Fenster nach J. Luft und H. Ingham

Für das Geben und Nehmen von Feedback sollten klare Regeln gelten, um die gegenseitige Wertschätzung und Achtung sicherzustellen.

Feedbackgeber	Feedbacknehmer
Sofort – nicht Tage später	Zuhören, zuhören, zuhören
Überprüfen: Ist ein Feedback erwünscht?	Nachfragen, klären, verstehen
Wahrnehmung ehrlich wiedergeben	Das Gehörte mit eigenen Worten wiedergeben
Blickkontakt halten	Nicht verteidigen, nicht zurückschießen
Beschreiben, nicht bewerten	Dank für das Feedback
Nur veränderbare Inhalte beschreiben	
Konstruktiv und konkret sein	
Angemessene und wertschätzende Formulierungen wählen: Ich nehme wahr; Das fällt mir auf; Das wirkt auf mich; Ich würde mir wünschen	

Übersicht: Feedbackregeln

Modell der Teamrollen nach Dr. Meredith Belbin

Eine Hilfe bei der Zusammenstellung und Führung von Teams ist das Modell der Teamrollen nach Dr. Meredith Belbin. Er unterscheidet Co-Ordinator, Shaper, Plant, Monitor-Evaluator, Implementer, Team Worker und Resource Investigator. Die Kenntnis über die eigene Teamrolle und über die besonderen Fähigkeiten der Kollegen ermöglicht es, realistische Erwartungen an die Teammitglieder zu entwickeln und diese mit den Bedürfnissen der Teamaufgabe abzugleichen. Es können auch typische Muster im Teamverhalten erkannt und gezielt genutzt bzw. beeinflusst werden.

Teamrolle	Aufgabe im Team	Eigenschaften	Schwächen
Co-Ordinator	Kontrolle und Organisation der Teamaktivitäten, optimale Ausnutzung der vorhandenen Ressourcen	Selbstsicher, guter Leiter, stellt Ziele dar, fördert die Entscheidungsfindung, gute Delegationsfähigkeiten	Kann als manipulierend verstanden werden, Tendenz zur Delegation persönlicher Aufgaben
Shaper	Formt die Teamaktivitäten, Diskussionen und Ergebnisse	Dynamisch, arbeitet gut unter Druck, hat den Antrieb und Mut, Probleme zu überwinden	Neigt zu Provokationen, nimmt zu wenig Rücksicht auf die Gefühle anderer
Plant	Bringt neue Ideen und Strategien ein, sucht nach Lösungen	Kreativ, phantasievoll, unorthodoxes Denken, gute Problemlösungsfähigkeiten	Ignoriert Nebensächlichkeiten, tendiert zur Konzentration auf persönliche Interessengebiete
Monitor-Evaluater	Untersucht Ideen und Vorschläge auf ihre Machbarkeit und ihren praktischen Nutzen für die Ziele des Teams	Nüchtern, strategisch, kritisch, berücksichtigt alle Optionen, gutes Urteilsvermögen	Geringer Antrieb, mangelnde Fähigkeit zur Inspiration des Teams
Implementer	Setzt allgemeine Konzepte und Pläne in praktikable Arbeitspläne um und führt diese systematisch aus	Diszipliniert, verlässlich, konservativ, effizient, setzt Ideen in Aktionen um	Etwas unflexibel, reagiert verzögert auf neue Möglichkeiten
Team Worker	Hilft den Teammitgliedern effektiv zu arbeiten, verbessert Kommunikation und Teamgeist	Kooperativ, sanft, einfühlsam, diplomatisch, hört zu, baut Spannungen ab	Unentschieden in kritischen Situationen
Resource Investigator	Untersucht Quellen außerhalb des Teams, entwickelt nützliche Kontakte	Extrovertiert, enthusiastisch, kommunikativ, findet neue Optionen, entwickelt Kontakte	Über-optimistisch, verliert leicht das Interesse nachdem sich der erste Enthusiasmus gelegt hat
Completer	Vermeidet Fehler und Versäumnisse, stellt optimale Ergebnisse sicher	Sorgfältig, gewissenhaft, ängstlich, findet Fehler und Versäumnisse, hält Fristen ein	Neigt zu übertriebener Besorgnis, delegiert nicht gern

Übersicht: Teamrollen nach Dr. Meredith Belbin

Hirndominanz Instrument (HDI) nach Ned Herrmann

Die Forschungsergebnisse von Ned Herrmann haben ergeben, dass das menschliche Gehirn aus vier Bereichen besteht und 90 Prozent der Menschen eine Bevorzugung von zwei Bereichen aufweisen, die so genannten Gehirndominanzen. Diese drücken sich in vielen Persönlichkeitsmerkmalen aus: Bedürfnissen, Werten, Verhalten, äußeres Erscheinungsbild, Ausdrucksweise usw. Laut Ned Herrmann sind die Gehirndominanzen dafür verantwortlich, dass „jeder Mensch einmalig ist. Jeder Mensch hat Denk- und Verhaltensweisen, die für Ihn typisch sind und die er bevorzugt". Als Konsequenz dieser Erkenntnis schafft ein auf die Bevorzugung eines Menschen angepasster Umgang eine erfolgreiche und tragfähige Beziehung zu diesem Menschen.

Logisches Ich (Controller)	Zukunftsorientiertes Ich (Visionär)	Wertekonservatives Ich (Umsetzer)	Emotionales Ich (Beziehungsmensch)
analytisch	konzeptionell	plant	beziehungsbetont
logisch	ganzheitlich	kontrolliert	unterrichtet gern
Zahlen & Fakten	veränderungsbereit	detailverliebt	sucht Harmonie
wichtig	risikofreudig	Erfahrung wichtig	hilfsbereit
realistisch	neugierig	Sicherheit wichtig	mitteilsam
Beweise wichtig	übertritt Regeln	zuverlässig	emotional
effizient	visionär	organisiert	intuitiv & impulsiv
genau	strategisch	realisiert	Vertrauen wichtig
kritisch	kreativ		

Übersicht: Hirndominanz Instrument

Phasen der Teamentwicklung nach Bruce W. Tuckman

Bis aus einer Gruppe ein homogenes Team wird, müssen bestimmte Entwicklungsstadien durchlaufen werden. Die Phasen der Teamentwicklung werden immer durchlaufen, ob geplant oder ungeplant. Generell sollte sich das Team über die Besonderheiten der jeweiligen Phase bewusst sein und diese als selbstverständlich akzeptieren. Bei Änderungen der Teamzusammensetzung oder der Rahmenbedingungen kann das Team in eine vorige Phase zurückfallen. Die Kenntnis über die aktuelle Phase ermöglicht es dem Teamleiter, geeignete Moderations- und Steuerungsmaßnahmen einzusetzen.

Nach einer Orientierungsphase (forming) folgt eine unruhige Phase, in der die Teammitglieder ihre Grenzen austesten (storming). Erst danach ist eine Selbstfindungsphase (norming) möglich, um auf dieser Basis effizient miteinander arbeiten zu können (performing).

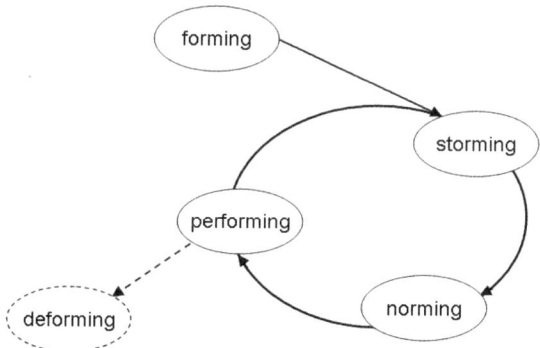

In jede Phase ist das Team zu einer anderen Leistung in der Lage. Ziel eines Teamleiters ist immer ein möglichst schnelles Erreichen der Phase „Performing".

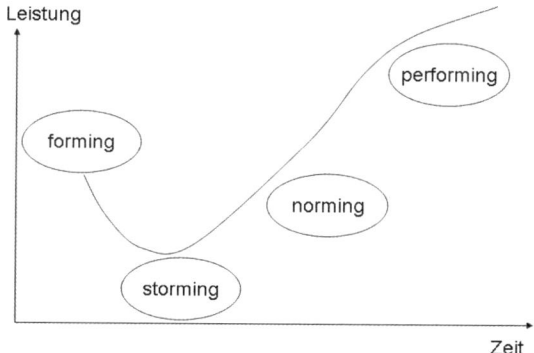

Abbildungen: Projektphasen

Projekteliste

Eine Projekteliste führt alle laufenden Projekte mit ihren jeweiligen Eckdaten auf. Sie dient der Orientierung und Übersicht und wird in der Regel zentral gepflegt (Projektbüro) und veröffentlicht.

Projekt-Nr.	Projekt-name	Prio	Projekt-leiter	Start	Ende	Wert	Interne Stunden	% fertig	Status	Bemerkung
									+	
									– –	
									–	

Übersicht: Vorlage für Projektliste

Lenkungskreis

Entscheidungsgremium, bestehend aus Auftraggeber und weiteren hochrangigen Entscheidungs-, Verantwortungsträgern, Stakeholdern aus den von Projekten betroffenen Bereichen. Der Lenkungskreis überwacht die Projektabwicklung ergebnis- bzw. zielverantwortlich.

Nutzenanalyse

In einer Nutzenanalyse werden der strategische und finanzielle Nutzen eines Projekts ermittelt und in einem Portfolio mit anderen Projekten verglichen.

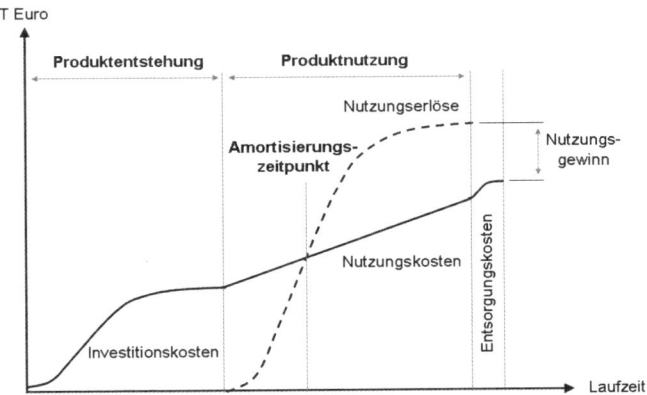

Abbildung: Nutzenanalyse

Projekt-Portfolio

Ein Projekt-Portfolio ist die Visualisierung eines Projektvergleichs. Anhand von Merkmalen (Budget, Nutzen, Ressourcenaufwand) werden alle Projekte in einem Schaubild miteinander in Relation gesetzt.

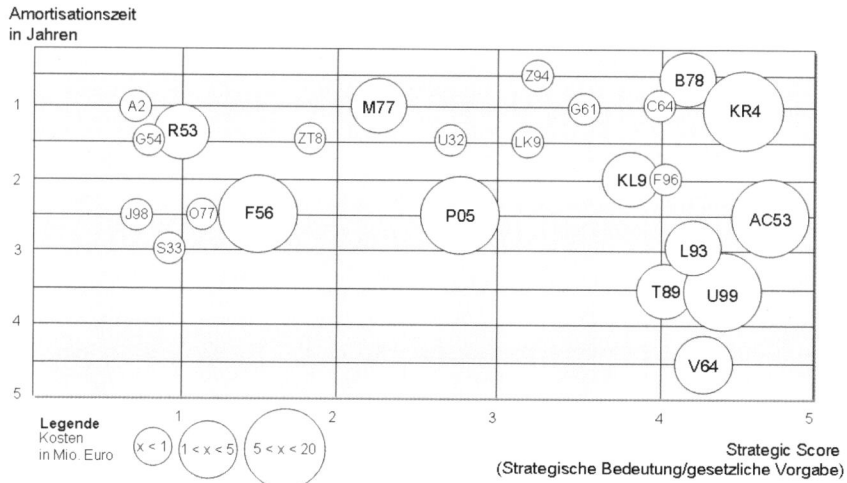

Abbildung: Projekt-Portfolio

Nutzwertanalyse

Relative Bewertung von unterschiedlichen Lösungsalternativen:

- Definieren von Lösungskriterien (oder Zielen).
- Gewichten der Kriterien (Reihenfolge festlegen).
- Für jede Alternative die Erfüllung jedes Lösungskriteriums abschätzen (in Prozent oder in Punkten).
- Für jede Alternative die Gewichtung und die Erfüllung pro Lösungskriterium multiplizieren und alle Produkte addieren.
- Vergleich der Alternativen anhand der Summenwerte.

Kriterium	Gewichtung Kriterium*	Erfüllungsgrad Alternative A**	Erfüllungsgrad Alternative B**	Ergebnis/ Wertigkeit Alternative A***	Ergebnis/ Wertigkeit Alternative B***
exaktes Lochen	8	7	8	56	64
geringes Gewicht	6	2	5	12	30
gutes Design	2	5	8	10	16
geringer Preis	1	3	2	3	2
kompakte Bauweise	3	8	5	24	15
unauffällige Farbgebung	0	8	8	0	0
ergonomischer Griff	7	9	5	63	35
sicher Aufnahme der Papierreste	5	3	10	15	50
verstellbare Formatleiste	4	10	1	40	4
Summe				223	216

* von 1 (unwichtig) bis 10 (sehr wichtig)
** von 1 (nicht erfüllt) bis 10 (voll erfüllt)
*** Gewichtung * Erfüllungsgrad

Übersicht: Beispiel einer Nutzwertanalyse für den Vergleich von zwei Ausführungen eines Papierlochers

Statusbericht 💷

Der Projektleiter stellt den Projektstatus in einem Dokument übersichtlich und kompakt dar. Analog berichtet jeder Teilprojektleiter sein Teilprojekt an den Projektleiter. Der Projektbericht wird in der Regel monatlich erstellt und an den Lenkungskreis verteilt oder präsentiert. Folgende Inhalte sollte ein Projektbericht aufweisen:

- Kenndaten des Projekts
- Einschätzung der Situation hinsichtlich Qualität, Arbeitsfortschritt, Terminen, Kosten, Zielerreichung (z. B. mittels Ampelfarben)
- Einschätzung der Gesamtsituation des Projekts als verbale Beschreibung
- Angabe und Kommentierung der erkannten Abweichungen, Konflikte, Risiken

- Aussage zu eingeleiteten Maßnahmen und deren Wirksamkeit
- Aussage zu Mehrungen, Minderungen, Claims
- Angabe der vom Lenkungskreis zu treffenden Entscheidungen

Multiprojektmanagement

Multiprojektmanagement zielt darauf ab, die i. d. R. begrenzten Ressourcen so zu koordinieren, dass die für das Unternehmen wichtigsten Projekte effizient arbeiten können. Ressourcenplanung ist immer ein Kompromiss zwischen dem Bedarf und der Verfügbarkeit an Ressourcen. Kein Unternehmen wird seine Personaldecke am (temporär) maximalen Personalbedarf ausrichten. Die Ressourcenanforderungen jedes Projekts werden mit der unternehmensweiten Auslastungssituation abgeglichen, bis die terminlichen Erfordernisse mit den verfügbaren Kapazitäten in Einklang stehen. Multiprojektmanagement ist ein regelmäßiger Iterationsprozess: Zusätzliche und laufende Projekte werden anhand ihres strategischen und finanziellen Beitrags für das Unternehmen bewertet und vor dem Hintergrund der aktuellen Auslastungssituation geplant, freigegeben, gestoppt, beschleunigt oder unterbrochen.

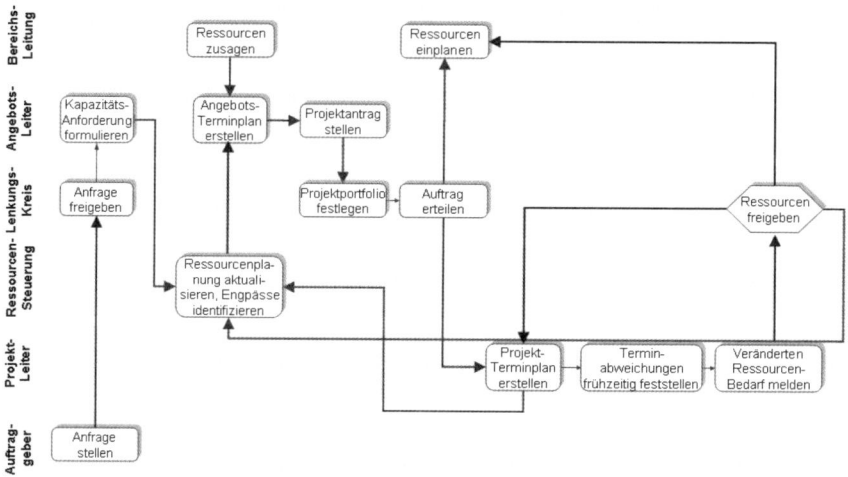

Abbildung: Multiprojektmanagement für Projekte mit internem Auftraggeber

4 Sicher auf Kurs bleiben

Die Planungsphase ist abgeschlossen, jetzt geht es ans Realisieren. Um auf rauer See Ihren Kurs halten zu können, brauchen Sie neben einer Karte unbedingt einen Kompass, ein Augenpaar im Ausguck und zwei Hände am Steuerrad. Schließlich haften Sie als Projektverantwortlicher für das Erreichen der Ziele.

- Wie bewahren Sie sich die klare Sicht, damit Sie nicht im Trüben fischen müssen, ohne sich dabei aber in allzu vielen Formalismen zu verlieren?
- Wie reagieren Sie, wenn das Projekt droht, aus dem Ruder zu laufen?
- Was tun Sie, wenn am Horizont Ihr Ziel schon in Sicht ist, der Auftraggeber aber die Parole ausgibt „Auf zu neuen Ufern"?

Gangbare Wege und unterstützende Tools für diese Unwägbarkeiten finden Sie auf den folgenden Seiten.

Vertrauen ist gut – Controlling ist besser

》 DAS SZENARIO

Während meiner Zeit in der Personalentwicklung sollte auf dem Firmengelände ein Gebäude in ein repräsentatives Schulungszentrum umgebaut werden. Da ich Erfahrung mit Bauprojekten hatte, sollte ich dieses Vorhaben koordinieren. Der Personalvorstand persönlich formulierte die wichtigsten Anforderungen. Auf Basis einer Ausschreibung wurden ein grober Terminplan und ein Budget festgelegt. Ein Teil des Projekts wurde mit Festpreis an ein Bauunternehmen vergeben, andere Arbeitspakete wurden extern nach Aufwand bestellt oder von internen Mitarbeitern ausgeführt. Die Detailplanung wurde mit dem beauftragten Bauunternehmen durchgeführt. Ich ging davon aus, das Bauunternehmen würde einen Projektleiter stellen und Controlling betreiben. Leider war das nicht der Fall. Mir wurde klar: Hier prüft niemand die Qualität, die Termine und die Kosten. Was tun?

Wege zur Lösung

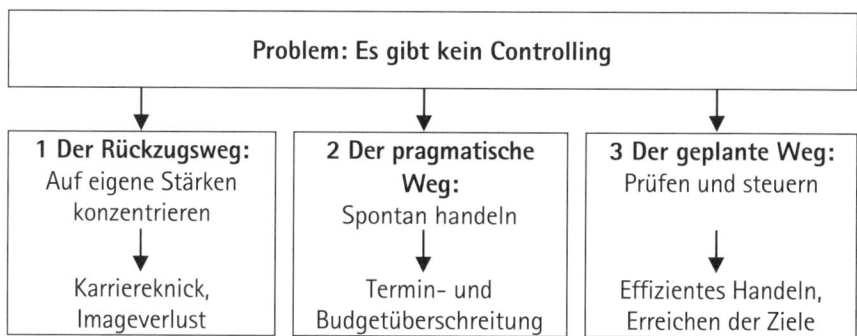

1 Der Rückzugsweg: Auf eigene Stärken konzentrieren

Natürlich interessieren Sie sich für die Entwicklung von Qualität, Fortschritt und Kosten – das ist keine Frage. Aber wer ist eigentlich dafür verantwortlich, den aktuellen Stand der Dinge zu erheben und darzustellen? Sie sind schließlich Projektleiter und haben Leute mit der Ausführung beauftragt, die sich mit solchen Vorhaben auskennen. Sollen die doch alles nachprüfen. Nein, Sie sind nicht gefragt, wenn jemand nach dem aktuellen Status fragen sollte. Sie verweisen an die Ausführenden. Die werden schließlich dafür bezahlt. Sie haben das Projekt strukturiert, geplant und die Arbeitspakete delegiert. Jetzt weiß jeder, was er zu tun hat. Sie konzentrieren sich voll und ganz auf Ihre eigenen Stärken, nämlich Ihr Fachgebiet. Mit Controlling haben Sie nichts zu tun. Wie sollten Sie auch etwas verantworten, was Sie gar nicht verantworten können. Sie haben eindeutige Vereinbarungen mit Fachleuten getroffen – die sind verantwortlich.

Im Klartext: Für Projektsteuerung sind andere zuständig – Sie nicht. Sollten Sie der Ausführende sein, argumentieren Sie natürlich umgekehrt. Denn verantwortlich für Statusermittlung, Berichterstattung und Steuerungsmaßnahmen ist natürlich der Projektleiter oder die Controlling-Abteilung. Auf diesem Weg ziehe ich mich im Szenario also eiskalt auf meine fachliche Arbeit zurück und achte nur für mein Fachgebiet auf die Erfüllung der Anforderungen. Ich beschränke mich auf mein Fachgebiet betreffende Qualitätschecks und fordere das Bauunternehmen auf, das restliche Projekt-Controlling selbst zu betreiben. Rechnungen bezahle ich unabhängig vom Fortschritt, bis der Festpreis abbezahlt ist – danach gibt es eben kein Geld mehr für die Baufirma.

VORSICHT BOMBE!

Egal ob Projektleiter oder Teilprojektleiter: Sie sind verantwortlich für die Zielerreichung – für Umfang, Qualität, Termine und Kosten. Wenn Sie sich als Fachmann vor allem auf die Erfüllung oder gar Überschreitung der Qualitätsstandards stürzen, wird das Projekt den Endtermin und das Budget überziehen.

So entschärfen Sie die Bombe
Sie bewegen sich auf dünnem Eis, aber es gibt ein paar abgesicherte Stellen. Sie sollten einer intensiven Ziel- und Rollenklärung mit Ihrem Auftraggeber aus dem Wege gehen. Je schwammiger Ihre Vereinbarungen sind und je geringer der Kontakt zu Ihrem Auftraggeber ist, umso besser für Sie. Ziehen Sie auch Ihren Vorgesetzten frühzeitig auf Ihre Seite – Sie werden seinen Zuspruch bald brauchen. Und

dann beharren Sie auf Ihrem Standpunkt: Sie sind Fachspezialist. Sie sorgen für die Einhaltung der Qualitätsanforderungen auf Ihrem Fachgebiet. Überzeugen Sie durch ein gutes Projektergebnis.

 PRO

Qualität: Als Fachmann werden Sie einen hohen Qualitätsstandard anstreben. Natürlich kennen Sie die gängigen Qualitätsanforderungen, und diese werden Sie lieber übertreffen als unterschreiten. Je besser das Projektergebnis ist, desto zufriedener sind Sie mit sich. Sie betrachten dies als persönliche Berufung.

 CONTRA

Qualität: Natürlich kennen Sie die Qualitätsstandards Ihres Fachgebiets, aber ist das auch die Qualität, die Ihr Auftraggeber will? Und schaffen Sie damit kein Teiloptimum zu Lasten des Gesamtprojekts? Sie wären nicht der erste Fachmann, der eher seine eigenen Qualitätsvorstellungen umsetzt als die des Kunden.

Termin: Sie sind Facharbeiter und leisten gerne Facharbeit. Dabei lassen Sie sich durch nichts und niemanden aus der Ruhe bringen. Sie denken nicht in Zeit und Kosten, sondern in den Routinen Ihres Fachgebiets. Dabei bleibt eines mit Sicherheit auf der Strecke: der Endtermin.

Kosten: Wer vor allem in den Dimensionen des eigenen Fachgebiets denkt, hat für Kosten meist wenig Verständnis. Ressourcen sind lediglich Mittel zum Zweck der fachlichen Optimierung. Zielpreise sind unsinnig. Wozu sollen Sie sich fachlich einschränken, wenn doch viel mehr möglich wäre? Wären Sie ein selbstständiger Handwerker, Sie wären sehr bald pleite. Aber deshalb sind Sie ja Angestellter. Dann leiden Sie wenigstens nicht unter den massiven Budgetüberschreitungen.

Karriere: Sie sehen nur das, was Sie sehen wollen, nämlich Ihr Fachgebiet. Wenn aber neben der Einhaltung von Qualitätsanforderungen – wie in jedem Projekt üblich – auch die Einhaltung eines Budgets und Termintreue gefragt sind, werden Sie an Ihrer Eindimensionalität scheitern. Als guter Fachmann haben Sie sicherlich eine Karrieremöglichkeit, nämlich eine Fachkarriere. Sie könnten Spezialist auf einem bestimmten Fachgebiet werden und irgendwann in der Entwicklungsabteilung landen. Eine Laufbahn als Projektleiter bzw. als Führungskraft wird Ihnen verwehrt bleiben.

Fazit: Wann dieser Weg Erfolg verspricht

Es gibt Rahmenbedingungen, die diesen Weg zulassen: Je weniger Ihr Unternehmen oder Ihr Projekt in einem betriebswirtschaftlich geprägten Korsett steckt, desto eher können Sie sich diesen Weg erlauben. In den Routinen und Strukturen öffentlicher Verwaltungen würden Sie kaum auffallen, in sehr funktional organisierten Unternehmen könnten Sie sich hinter Ihrem Fachbereichsleiter verstecken und in Forschungseinrichtungen können Sie Ihren Qualitätsdurst uneingeschränkt stillen.

2 Der pragmatische Weg: Spontan agieren

Sie wissen, dass Ihr Projekt nicht nur aus Qualität besteht, sondern auch aus Terminen und Kosten. Für alle drei Aspekte fühlen Sie sich verantwortlich. Das einzige Problem ist, dass Sie keine Zeit haben, den Projektfortschritt zeitnah zu verfolgen und aufwändige Plan/Ist-Vergleiche anzustellen. Die Arbeit mit der Terminplanungssoftware und dem Kostensystem ist in Ihrem Unternehmen viel zu kompliziert. Ihnen reicht der ursprüngliche Plan, den Rest haben Sie im Kopf. Jede Statuserhebung wäre sofort wieder veraltet; das hilft Ihnen nicht weiter. Deshalb agieren Sie spontan und intuitiv. Ein Projekt muss auch ohne ständiges Aktualisieren der Planungsunterlagen laufen. Außerdem wissen Sie ja: Wenn Sie erst einmal anfangen, alles nachzuhalten und zu berichten, dann müssen Sie den Status exakt erfolgen oder gar regelmäßig an den Auftraggeber berichten. Nur keine schlafenden Hunde wecken. Bestenfalls machen Sie für sich selbst Notizen, damit Sie ganz grob wissen, wo Sie stehen. Sie betreiben Projektcontrolling nach dem Muster:

- Den Status von Qualität, Terminen und Kosten regelmäßig zu erheben und zu dokumentieren wäre sinnvoll – ist aber zu aufwändig.

- Ihnen reicht der ursprüngliche Termin- und Kostenplan – den Ist-Zustand erfassen Sie „zu Fuß" und gleichen ihn im Kopf mit dem Plan ab.

- Sie steuern nach Intuition und Erfahrung. Sie spüren es, wenn zusätzliche Maßnahmen erforderlich werden und agieren spontan.

- Ein Projektleiter ist für Sie kein planverliebter Analyst, sondern ein Macher, der anpacken und ad hoc entscheiden kann.

- Sie verlassen sich auf Ihr Team: Erfahrene und kompetente Leute, die wissen, was in welcher Situation für das Projekt zu tun ist.

Im Klartext: Sie betreiben Controlling aus dem Bauch. Sie vertrauen nicht auf Analysen und Zahlen, sondern Sie folgen Ihrem Gespür. Sie gehen pragmatisch vor und wollen weder Formalismus noch Aufwand für die Pflege der Pläne investieren.

Mein Verhalten im Szenario auf diesem Weg? Sicherlich ist mein Handeln auf das Magische Dreieck abgestimmt, aber ich stelle keine Reviews oder Plan/Ist-Vergleiche an. Ich sehe mir den Baufortschritt regelmäßig an und beurteile ihn aus dem Bauch heraus. Bei Problemen und bösen Überraschungen reagiere ich sofort und steuere spontan mit einer Maßnahme gegen, bis ich das Gefühl habe, die Situation gerettet zu haben. Die Rechnungen bezahle ich, sofern ich die entsprechende Arbeitsleistung aufgrund meiner subjektiven Einschätzung erkenne und akzeptiere.

 VORSICHT BOMBE!

Sie vertrauen Ihrer Intuition. Wären Sie der einzige Projektbeteiligte, wäre das in Ordnung. Es sind aber weitere Personen beteiligt: Ihr Auftraggeber, Ihre Teammitglieder, die Stakeholder, ggf. ein Lenkungskreis, diverse Nutzer, ein Kunde. Alle brauchen Orientierung. Der Terminplan ist schnell veraltet und bietet sehr bald keine Orientierung mehr. Und da auch Sie mit Ihrem Spontancontrolling keine objektive Orientierung bieten können, droht allgemeine Orientierungslosigkeit – psychologischer Nährboden für eine Stimmungsentgleisung.

So entschärfen Sie die Bombe
Sie sollten versuchen, allen Projektbeteiligten Sicherheit zu geben. Dabei helfen Ihnen zwei Stützen. Erstens: Verfassen Sie regelmäßig zumindest eine grobe Beschreibung der aktuellen Lage zur Dokumentation und zur Orientierung für Ihren Auftraggeber. Es reicht, wenn Sie ein Format für diese Dokumentation entwerfen und von Ihrem Team ausfüllen lassen. Sie ergänzen lediglich, welche Maßnahmen Sie ergreifen werden und welche Auswirkungen das haben soll. Punkt zwei: Strahlen Sie Optimismus aus! Zuversicht ist der erste Schritt zum Erfolg. Ihr Optimismus wird als positiver Projektstatus gedeutet.

Termin: Wenn Sie Glück haben, geht vielleicht wirklich alles glatt. Dann haben Sie Zeit gespart, nämlich die Zeit, die Sie für Statuserhebungen, bunte Berichte, Analysen und Szenarienmalerei benötigt hätten.

Termin: Eine alte Controlling-Weisheit lautet „Miss es oder vergiss es". Sie messen nicht und deshalb werden Ihre spontanen Maßnahmen ohne Glück ins Leere laufen – und dann müssen Sie immer wieder von vorne anfangen und teure Erfahrungen sammeln. Den vereinbarten Endtermin halten Sie so auf keinen Fall.

Qualität: Sie messen die Qualität Ihres Projekts nicht und wissen daher nicht, ob Sie überhaupt Qualität erzeugen. Sie können keine Qualitätsnachweise vorzeigen. Allein diese Tatsache wird jeden Kunden stutzig machen.

Kosten: Budgetüberschreitungen sind die natürliche Konsequenz dieses Weges. Irgendwie werden Sie mit Nachbesserungen und Überarbeitungen die geforderte Qualität erreichen – aber zu welchem Preis? Sie meinen, Personalkosten sind ohnehin Gemeinkosten – die sogenannten „eh-da-Kosten". Dann dürfen Sie sich nicht wundern, wenn Abteilungsleiter ihre Leute aus Ihrem Teilprojekt abziehen: Wer nichts bekommt, wird trotz braver Vereinbarungen auch nichts geben.

Karriere: Spontaneität, Selbstsicherheit und Intuition sind Attribute, die in Zeiten des Erfolgs geschätzt werden. In Zeiten des Misserfolgs werden diese Attribute allerdings als Planlosigkeit, Überheblichkeit und Chaos interpretiert. Der Grund liegt auf der Hand: Ihre Handlungen sind für andere nicht nachvollziehbar und man neidet Ihnen den Luxus, angeblich ohne aufwändiges Controlling auszukommen. In Phasen des Misserfolgs werden Sie sich massiver Kritik stellen müssen. Sollte es Ihnen nicht gelingen, Misserfolge schnell zu überbrücken, stehen Sie bald auf der Abschussliste.

Fazit: Wann dieser Weg Erfolg verspricht

Hier einige Aspekte, die diesen Weg begehbar machen:

■ Sie sind ein selbstsicherer, souveräner Projektleiter mit großem Erfahrungsschatz für diese Art Projekte und mit starkem Rückhalt im Management, auch bei Misserfolgen. Man vertraut Ihnen und Ihren Fähigkeiten und deshalb vertraut man auch Ihrer Art des Projektcontrollings.

- Sie bewegen sich in einer Unternehmenskultur, in der Controlling und Transparenz als lästige und anmaßende Kontrollen empfunden werden. Oder Sie arbeiten in einem Unternehmen, das keine Controlling-Instrumente zur Verfügung hat und in der Vergangenheit nicht darunter litt.

Ob Sie allerdings auf diesem Weg zu einem erfolgreichen Projekt kommen, bleibt fraglich.

3 Der geplante Weg: Prüfen und steuern

Natürlich ist ein Projektleiter für die Erfüllung der Qualitätsanforderungen zu einem definierten Termin unter Einhaltung eines definierten Budgets verantwortlich. Und dafür helfen Ihnen die erstellten Pläne. Aber was sollen diese Pläne während der Umsetzung noch wert sein, wenn Sie sie nicht auf Stand bringen und den ursprünglichen Plandaten die tatsächlichen Ist-Daten gegenüberstellen? Sie wollen schließlich genau wissen, wo Sie mit Ihrem Projekt stehen, um eventuelle Planabweichungen rechtzeitig zu erkennen. Ihnen ist klar: Wenn Sie nicht wissen, wo Sie jetzt stehen, werden Sie nicht dort ankommen, wo Sie hinwollen. Kein Plan ist so perfekt, dass er automatisch das Ziel erreicht. Ein Autopilot ist sicherlich toll – aber gibt es ein Flugzeug, das komplett ohne Pilot auskommt?

Deshalb ist für Sie nur der Weg des Prüfens und Steuerns sinnvoll. Um sicher auf Kurs zu bleiben, werden Sie sich nach dem Regelkreisprinzip (siehe S. 175) immer wieder folgende Fragen stellen:

- Wo will ich hin?
- Wo auf dem Weg dorthin befinde ich mich gerade?
- Wo müsste ich laut Plan eigentlich sein?
- Was passiert, wenn ich nichts tue und wenn alles so weiter wie bisher gehen würde?
- Was muss ich jetzt tun, um meine Ziele zu erreichen?

Im Klartext: Sie werden Projektcontroller. Sie erheben regelmäßig den Status Ihres Projekts bezogen auf Qualität, Termine (also Arbeitsfortschritt), Kosten und Risiken und bilden dies in Ihren Plänen ab. Auf Basis Ihrer ursprünglichen Pläne werden Sie dann einen so genannten Plan/Ist-Vergleich (siehe S. 177) durchführen, um zu erkennen, ob Ihr Projekt aktuell „im Plan" ist. Bei Planabweichungen müssen Sie sich die Frage beantworten, ob und was Sie unternehmen werden. Manche Planabweichungen sind akzeptabel, andere nicht. Das erkennen Sie, indem Sie Szenarien entwickeln und ausgehend vom aktuellen Status Prognosen für unterschiedliche Projektverläufe entwerfen. Jede zusätzliche Steuerungsmaßnahme kostet Geld – müssen Sie jetzt einschreiten oder nicht? Das ist Projektcontrolling: bewusste Entscheidungen auf Basis belastbarer Informationen und hergeleiteter Annahmen.

Was bedeutete dieser Weg für mein Projekt im Szenario? In wöchentlichem oder monatlichem Turnus erhebe ich aktuelle Projektinformationen und trage diese zusätzlich zu den Plandaten in meine Pläne ein: Ist-Termine im Vergleich zu den Planterminen in meinen Terminplan, Ist-Kosten und Obligo (Zahlungsverpflichtungen z. B. durch Bestellungen) in meinen Kostenplan, erfüllte Qualitätsanforderungen in meinen Qualitätsplan. Zusätzlich ermittle ich den Cash Flow (siehe S. 179).

Dafür führe ich Reviews (siehe S. 130) und Statusmeetings (siehe S. 132) mit meinem Team durch oder lasse mir regelmäßig in einem definierten Format berichten. Anhand dieser Erkenntnisse prognostiziere ich den Verlauf meines Projekts und erkenne im Abgleich mit den Zielen, ob ich Steuerungsmaßnahmen ergreifen und meine Pläne für den Rest der Projektlaufzeit optimieren muss. Für eine geeignete Darstellung der terminlichen Entwicklung erstellte ich eine Meilenstein-Trendanalyse (siehe S. 179).

VORSICHT BOMBE!

Sie wollen regelmäßig alles wissen? Das ist eine Menge Arbeit und wird sehr bald Unmut bei Ihren Teammitgliedern hervorrufen. „Wann sollen wir denn mal arbeiten, wenn wir ständig berichten sollen?", werden die Ihnen vorhalten. Und Sie selbst? Werden Sie diese Disziplin überhaupt aufbringen? Viele Projektleiter haben diese Disziplin nicht. Sie gehen in Papier unter und lassen das aufwändige Controlling nach den ersten Wochen frustriert bleiben.

So entschärfen Sie die Bombe

Die Kernfrage lautet: Wie organisieren Sie ein aufwändiges Controlling, ohne Ihre Leute von der Arbeit und Sie von der Leitung abzuhalten? Sie brauchen jemanden, der es für Ihr Projekt macht. Für ein kleines Projekt könnte ein geschultes Sekretariat das Controlling übernehmen. Für mittlere und vor allem für größere Projekte brauchen Sie mindestens einen kompetenten Projektcontroller, der die Ist-Daten abfragt, Plan/Ist-Vergleiche in bunten Plänen darstellt, Konsequenzen aufzeigt, Prognosen erstellt und Entscheidungsvorlagen für Sie und Ihr Team ausarbeitet. Der Projektcontroller von heute ist der Projektleiter von morgen. Sprechen Sie mit der Personalabteilung, wer hier in Frage kommt.

 PRO

Qualität: Sie machen Qualitätschecks und prüfen, ob die Arbeitsergebnisse den gestellten Anforderungen entsprechen. Und Sie lassen nachbessern, wenn Sie gravierende Anforderungen als nicht erfüllt ansehen. Deshalb steht auf Ihren Produkten auch Qualität drauf – entsprechend den Regeln der Qualitätssicherung. Das ist in jedem Fall gut für die Qualität.

Termin: Sie verfolgen den Arbeitsfortschritt und wissen, wo Ihr Projekt terminlich steht. Termincontrolling ist das beste Mittel für die Einhaltung des Endtermins. Natürlich müssen Sie die gewonnenen Erkenntnisse in geeignete Maßnahmen zur Termineinhaltung umsetzen – dann steht der Termintreue nichts mehr im Wege.

Kosten: Was Termincontrolling für die Termintreue, ist das Kosten-Controlling für die Budgeteinhaltung. Sie wissen, was Sie bereits ausgegeben haben und was Sie sich noch leisten können. Natürlich können Sie das Budget dennoch überschreiten – aber Sie tun das bewusst und in Rücksprache mit Ihrem Auftraggeber im Sinne der Qualitätseinhaltung oder im Sinne der Termintreue. Diese Budgetüberschreitungen sind sicherlich nicht erstrebenswert, aber sie sind im Vorfeld abgesprochen und werden daher einen verträglichen Rahmen einhalten.

Karriere: Wer nachvollziehbare Aussagen über den Stand und die Entwicklung des eigenen Projekts treffen, die richtigen Maßnahmen einleiten und sein Projekt zielkonform steuern kann, der beherrscht Projektmanagement und sein Projekt. Projektcontrolling ist die Eintrittskarte für eine steile Karriere.

Termine: Controlling kostet Zeit. Wenn Sie keine zusätzlichen Ressourcen bekommen, müssen Sie den Controlling-Aufwand auf die Mitglieder Ihres Projektteams verteilen. Dann hat jedes Teammitglied weniger Zeit, um an Ihrem Projekt zu arbeiten: zu Lasten der Motivation und des Endtermins.

Kosten: Controlling kostet Geld. Sie brauchen zusätzliche Ressourcen, Instrumente und Software, um ein wirksames Controlling aufzubauen und zu betreiben. Natürlich sollen sich diese Investitionskosten rentieren – es bleiben aber Kosten, die Sie vor Ihrem Vorgesetzten und Ihrem Auftraggeber rechtfertigen müssen.

Qualität: Da Sie den Überblick haben, wissen Sie genau, welche Ecke des magischen Dreiecks im Vordergrund stehen muss und können dementsprechend eingreifen. Das kann in Absprache mit dem Auftraggeber auch mal zu Lasten der Qualität gehen, wenn der Termin oder die Kosten wichtiger sind.

Fazit: Wann dieser Weg Erfolg verspricht

Ihre Umgebung ist geprägt von der Unternehmenskultur und Ihrem Auftraggeber. Hat diese Umgebung auf Sicherheit und Planbarkeit ausgerichtete Werte, dann werden analytische, formalistische und objektive Regeln gelten: regelmäßige Statusberichte, Analysen, Prognosen, Szenarien, Entscheidungsvorlagen etc. Häufig handelt es sich hier um Unternehmen mit einem starken Finanzvorstand oder mit einer starken Muttergesellschaft. In einer solchen Umgebung gehört Projektcontrolling in Ihren Werkzeugkasten. Dann ist Projektcontrolling ein Erfolgsfaktor für Sie.

Projektcontrolling hat viel mit Psychologie zu tun. Es geht um Sicherheit im Umgang mit Unsicherheit. Sobald Sie sich unsicher fühlen, suchen Sie Sicherheit durch Kontrolle. Das gilt vor allem für Ihre ersten Jahre als Projektleiter und für Projekte, die für Sie, Ihren Auftraggeber oder für Ihr Unternehmen Neuland sind. Dann ist Projektcontrolling Pflicht, weil es Ihnen hilft, die richtigen Entscheidungen zu treffen.

Mein Weg: Einführung von Controlling – so bin ich vorgegangen

Ich fühlte mich als Projektleiter für die Qualität, den Termin und die Kosten meines Bauprojekts verantwortlich und ich hatte den Überblick verloren. Deshalb gab es für mich nur einen Weg: prüfen und steuern. Ich musste die aktuelle Termin- und Kostensituation in Erfahrung bringen und die Qualität sichern. Ich vereinbarte, dass mir alle Teammitglieder monatlich berichten, mit folgenden Bewertungskriterien:

- Als abgeschlossen gelten nur vollständig abgearbeitete Aktivitäten mit positivem Qualitätscheck gemäß vorheriger Vereinbarung.

- Für laufende Aktivitäten werden ein vorher definierter Fertigstellungsgrad (siehe S. 176) in Prozent und eine voraussichtliche Restdauer angegeben.

- Pro Aktivität werden die Ist-Kosten (bzw. Ist-Stunden) und die voraussichtlichen Restkosten (bzw. Reststunden) angegeben.

- Pro Arbeitspaket wird eine aktuelle Einschätzung der Risiken angegeben.

Mit diesen Berichten der Teammitglieder erstellte ich einen Plan/Ist-Vergleich und eine Prognose im ursprünglichen Termin- und Kostenplan. So konnte ich im Sinne der Ziele sinnvolle Steuerungsmaßnahmen einleiten und umsetzen. Wie es ausging? Zuerst war es das reine Chaos. Das Bauunternehmen hatte tatsächlich kein eigenes Controlling. Die bisherigen Rechnungen waren ohne Bezug zum eigentlichen Projektverlauf. Es bedurfte dreier Treffen mit allen internen und externen Beteiligten vor Ort, um den Stand des Arbeitsfortschritts und der Kosten aufzeigen zu können. Außerdem waren einzelne Arbeitspakete nicht aufeinander abgestimmt und mussten überarbeitet werden. Das Gesamtbild war schlecht, aber noch nicht hoffnungslos. Wir hatten vier Wochen Verzug, hatten aber bereits 10 Prozent zu viel Geld ausgegeben. Wir beschlossen gemeinsam Maßnahmen, wie wir schneller werden und die Kosten senken konnten. Das Schulungsgebäude wurde zum Übergabetermin zwar nicht komplett fertig, aber wir konnten den Schulungsbetrieb mit kleinen Einschränkungen zum geplanten Termin aufnehmen. Die leichte Budgetüberschreitung begründeten wir mit einer besseren Ausstattung. Der Personalvorstand war mit seinem Projekt zufrieden.

1 Miss es oder vergiss es. Wer plant, muss auch verfolgen, ob der Plan eingehalten wird. Ansonsten nützt der schönste Plan nichts.

2 Wo landen wir, wenn alles so weiter geht? Prognosen und Szenarien zeigen Ihnen, ob Ihr Kurs stimmt.

3 Nicht der Plan ist Ihre Bibel, sondern die Ziele. Stimmen Sie Ihren Kurs stets auf die Ziele ab und ändern Sie notfalls den Plan.

4 Seien Sie der Pilot des Projekts. Ihre Aufgabe ist es, zum richtigen Zeitpunkt die richtigen Entscheidungen zu treffen und umzusetzen.

5 Je früher Sie eine Planabweichung korrigieren, umso besser. Heute gegensteuern kostet 100 Euro, morgen schon 200 Euro.

4

Das Projekt läuft aus dem Ruder!
Qualität, Termin oder Budget halten?

》 DAS SZENARIO

Es war mein erstes größeres Investitionsprojekt als Projektleiter: Ein Standardprojekt – so schien es zunächst. Die Kalkulation lag aus unserem Festpreisangebot vor und der Terminplan war schnell erstellt. Zuerst ging alles nach Plan. Aber nach einem Drittel der Laufzeit lief das Projekt aus dem Ruder. Der Vertrieb hatte zu optimistisch kalkuliert. Unsere Geschäftsführung verordnete dem Projekt einen Sparkurs, zu Lasten von Qualität und Lieferzeit. Der Kunde roch natürlich Lunte und machte Druck. Er pochte auf Einhaltung der Qualität zum vereinbarten Termin und zum festgelegten Preis. Ich saß in der Zwickmühle. Wie sollte ich das lösen?

Wege zur Lösung

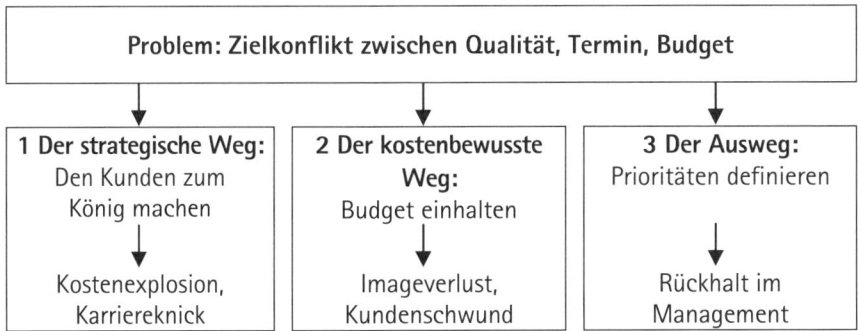

1 Der strategische Weg: Den Kunden zum König machen

Andere haben gepennt und Sie sollen es nun richten. Der Vertrieb verkalkuliert sich, die Geschäftsführung tritt auf die Kostenbremse und Sie können zusehen, wie Sie die geforderte Qualität bis zum Endtermin hinbekommen. Qualität hat ihren Preis und der Kunde weiß genau, welche Qualität er will. Aber davon will Ihr Management nichts wissen. Haben die noch nie etwas vom Magischen Dreieck gehört? Der Kunde wird von seinen Qualitätsansprüchen keinen Millimeter abrücken und deshalb werden Sie diese erfüllen, basta. Der Kunde ist König und hat immer Recht – koste es, was es wolle. Ihnen ist klar: Bekommt der Kunde nicht, was er verlangt, wird er sauer. Ist der Kunde sauer, wird auch Ihr Management sauer. Da erfüllen Sie lieber die Qualitätsansprüche des Kunden und überziehen das Budget.

Im Klartext: Sie entscheiden sich für Ihren Vertragspartner, den Kunden. Nichts ist schlimmer als unzufriedene Kunden. Der langfristige Erfolg eines Unternehmens hängt von zufriedenen Kunden ab, die wiederholt und gerne bestellen. Dafür opfern Sie den finanziellen Erfolg Ihres Projekts. Sie denken strategisch.

Für mein Investitionsprojekt im Szenario bedeutet dieser Weg Folgendes: Ich setze mich über den Sparkurs der Geschäftsführung hinweg und folge den mit dem Kunden vertraglich vereinbarten Qualitäts- und Terminzielen. Qualitätssicherungs- und Terminplan bleiben unverändert. Ganz anders mein Kostenplan: Den passe ich zu Lasten meines Unternehmens an. Um Ärger zu vermeiden, arbeite ich stillschweigend nach dem neuen Kostenplan. Im Kostensystem können die alten Zahlen stehen bleiben. Schließlich ist bekannt, dass das Projekt „rot" ist. Am Ende kann sich niemand ernsthaft wundern. Und Schuld hatte ja ohnehin der Vertrieb. Schließlich haben die sich doch verkalkuliert.

VORSICHT BOMBE!

Sie setzen sich über klare Beschlüsse Ihrer Geschäftsführung hinweg. Sie geben bewusst mehr Geld Ihres Arbeitgebers aus, als dieser auszugeben gewillt ist. Sie wandeln auf diesem Wege am Rande einer Abmahnung oder sogar Kündigung.

So entschärfen Sie die Bombe
Sobald heraus kommt, dass Sie das Budget tatsächlich nicht einhalten werden, sollten Sie auf eine Frage sehr gut vorbereitet sein: Was haben Sie konkret getan, um die Budgetüberschreitung zu verhindern? Diese Frage müssen Sie so gut beantworten, dass niemand an Ihrem unerschütterlichen Engagement zugunsten der Bud-

geteinhaltung zweifeln kann. Sie müssen eine Liste von Kostensenkungsmaßnahmen und deren Auswirkungen auf die Budgeteinhaltung präsentieren können. Natürlich bleibt das Ergebnis, nämlich die Kostenexplosion, dasselbe, aber dann dürfen Sie auf die Gnade Ihres Managements hoffen. Wenn dann ein Belobigungsschreiben Ihres Kunden mit einem Hinweis auf potenzielle Folgeaufträge auf dem Tisch liegt, ist die Budgetüberschreitung vergessen und Ihr Management lässt Sie ungeschoren davon kommen.

 PRO

Qualität: Je mehr Qualität, desto zufriedener der Kunde. Das spricht für eine hohe Qualität.

 CONTRA

Kosten: Ihre Projekte werden selten finanziell gewinnbringend für Ihren Arbeitgeber sein. Das Projektbudget werden Sie kaum einhalten.

Karriere: Sie sind „der Mann des Kunden", seine Interessen sind Ihre Interessen. Gewissermaßen verraten Sie Ihren Arbeitgeber an den Kunden. Von einer Führungskraft erwartet man Kostenbewusstsein und Loyalität für den Arbeitgeber. Sie zeigen weder das eine noch das andere. Im Controlling werden Sie keine Freunde haben und so mancher Controller ist Mitglied der Geschäftsführung. Da dürfen Sie keine Hilfe für Ihre Karriere erwarten. Vergessen Sie auch gleich den Gedanken, bei Ihrem Kunden Karriere zu machen. Ihr Kunde schätzt den Verrat (an Ihrem Arbeitgeber), aber nicht den Verräter (Sie).

Fazit: Wann dieser Weg Erfolg verspricht

Dieser Weg ist dann erfolgreich, wenn die (langfristige) Kundenzufriedenheit wichtiger ist als (kurzfristiger) finanzieller Erfolg. Für Referenzprojekte wäre dieser Weg gut geeignet. Mit Referenzprojekten will man dem Kunden zeigen, wie toll man seine Wünsche erfüllen kann, technisch und persönlich. Referenzprojekte sind strategisch angelegt. Das Referenzprojekt an sich muss noch nicht gewinnbringend sein, sondern muss Folgeprojekte holen.

Es gibt eine typische Unternehmenskultur, in der dieser Weg der richtige ist: Ein vertriebsorientiertes Unternehmen wird sehr stark auf die Kundenzufriedenheit ausgerichtet sein und eher Bereitschaft zeigen, Verluste zugunsten des Kunden im Sinne einer guten Kundenbeziehung hinzunehmen. Der Umsatz wird in einer solchen Kultur oft höher bewertet als der Gewinn. Natürlich sollten darüber hinaus die konjunkturellen Rahmenbedingungen positiv sein, damit sich Ihr Unternehmen diesen Weg auch erlauben kann.

2 Der kostenbewusste Weg: Budget einhalten

Natürlich ist Ihnen als Projektleiter der Kunde wichtig, denn ohne Kunde kein Projekt. Der Kunde hat also direkt mit Ihrer Daseinsberechtigung als Projektleiter zu tun und bei Investitionsprojekten zahlt er sogar indirekt Ihr Gehalt. Aber eben nur indirekt. Ihr Gehalt bekommen Sie nämlich von Ihrem Arbeitgeber, kurz: vom Management. Und dieses Management sollen Sie nun verärgern, indem Sie das Budget überschreiten? Auf keinen Fall. Sie sägen doch nicht an dem Stuhl, auf dem Sie sitzen. Sie haben eine klare Anweisung vom Management und die werden Sie umsetzen. Diese Anweisung heißt: Budget einhalten. Das wird dem Kunden nicht gefallen, aber daran können Sie auch nichts ändern. Der Kunde kann sich gerne direkt an die Geschäftsführung wenden. Wenn sich Kunde und Geschäftsführung auf einen anderen Weg einigen sollten, werden Sie den gerne befolgen.

Auf diesem Wege ist das Fundament weiterer Planung die Höhe des zur Verfügung stehenden Budgets. Für das Szenario bedeutet dies: Ich erstelle eine Zielkostenrechnung (Target Pricing, siehe S. 180). Was kann ich mit diesem Budget für den Kunden realisieren? Ich überarbeite meinen Kostenplan von hinten nach vorne und kalkuliere einen Liefer- und Leistungsumfang. Natürlich orientiere ich mich auch an den Qualitäts- und Terminvorstellungen des Kunden. Was nicht bezahlbar ist, fliegt aus der Kalkulation. Auch das Risiken-Portfolio sehe ich mir sehr genau an, und ich stocke meinen Risikopool auf. Damit verhindere ich, was auf keinen Fall passieren darf: Risiken, die mein Budget sprengen. Zusätzliche Wünsche des Kunden nehme ich auf, melde aber über ein straffes Claim Management (siehe S. 180) Mehrkosten an und stocke so das Budget auf.

PRO

Kosten: Das vom Management freigegebene Budget ist Ihr Fixstern. Sie werden alles tun, um dieses Budget nicht überschreiten zu müssen. Da freut sich jeder Controller, mehr Planungssicherheit geht nicht.

Karriere: Wer seine Projektbudgets einhält, fällt früher oder später dem Chef-Controller oder sogar dem kaufmännischen Geschäftsführer positiv auf. Das kann nur gut für Ihre Karriere sein. Wer kostenbewusst arbeitet, kennt sich doch gut im Controlling aus. Das wäre ein möglicher Einstieg in Ihren Aufstieg.

CONTRA

Qualität: In Ihren Projekten wird weder eine innovative Technik gebaut noch bestmögliche Qualität erzeugt. Ihr Maximalziel lautet Funktionstüchtigkeit, mehr nicht.

Termin: Müssten Sie zwischen Termin und Kosten abwägen, wäre Ihr Favorit eindeutig die Kosten. Sie würden ohne Frage zehn verschiedene Konstruktionen zeichnen lassen und wochenlang mit Lieferanten verhandeln, um die billigste Variante zu finden. Was dabei flöten geht, ist auf jeden Fall der Endtermin.

Kosten: Wer immer das Billigste nimmt, riskiert Qualitätsmängel, Stillstände und Zahlungsausfälle. Das kann unter dem Strich teuer werden. So mancher billige Gebrauchtwagen entpuppt sich später als teurer Werkstatthüter. Und so könnten auch Ihre Projekte enden.

Fazit: Wann dieser Weg Erfolg verspricht

Dieser Weg ist dann erfolgreich, wenn Sie und Ihr Arbeitgeber auf einen (kurzfristigen) finanziellen Erfolg angewiesen sind und die (langfristige) Kundenzufriedenheit eher zweitrangig ist. Wer dringend Geld braucht, darf nicht spendabel sein. Häufig behalten Unternehmen diese Einstellung auch dann bei, wenn sich ihre wirtschaftliche Situation wieder gebessert hat. Der Sparzwang wurde so stark in der Unternehmenskultur verankert, dass eine Budgetüberschreitung noch immer als eines der schlimmsten Vergehen geahndet wird. Wer in einem solchen Unternehmen überleben will, wird in diesen Weg gezwungen.

Sicherlich spielt auch der Stellenwert des Kunden eine Rolle: Ein wichtiger Stammkunde muss diesen Weg kaum befürchten, kleinen Erstkunden kann man ihn zur Not zumuten.

3 Der Ausweg: Prioritäten definieren

Das Management beauftragt Sie mit einem Projekt, dessen vereinbarte Qualität nicht mit dem kalkulierten Budget erreichbar ist. Eines ist Ihnen auf jeden Fall klar: Sie dürfen nicht entscheiden, welcher Weg beschritten wird. Ihr Auftraggeber muss Prioritäten definieren und entscheiden. Aber im Moment drückt sich Ihr Auftraggeber um diese Entscheidung und wälzt die Verantwortung auf Sie ab. Das dürfen Sie nicht zulassen. Jede Entscheidung bedeutet in diesem Fall Verlust, und das weiß Ihr Auftraggeber. Er drängt Ihnen genau deshalb die Entscheidung auf, deren Konsequenzen er Ihnen dann sogleich aufgeregt vorwerfen würde.

Sie spielen den Ball zurück an Ihren Auftraggeber. Diese Rückdelegation können Sie mittels einer Entscheidungsmatrix (siehe S. 48) umsetzen. Sie beschreiben die möglichen Lösungen und stellen dabei im Wesentlichen folgende Punkte dar:

- Wie hoch würde die Budgetüberschreitung bei Umsetzung der Kundenwünsche werden, und was bedeutet das für den Deckungsbeitrag des Projekts?

- Wie entwickeln sich Budget und Risiken unter Berücksichtigung aller möglichen Kosten senkenden Maßnahmen?

- Für welche Kundenforderungen können wir zusätzliches Budget oder Nachträge beanspruchen?

- Welcher Terminverzug entsteht bei Umsetzung der Kundenforderungen und welche Vertragsstrafe droht uns dabei?

- Welche Vertragsstrafe wird bei Nichteinhaltung der Qualität fällig?

- Wie wichtig ist dieser Kunde: Welcher durchschnittliche und geplante Jahresumsatz steht mit ihm in Verbindung?

- Welche Qualität und welcher Termin könnten dem Kunden ausreichen?

Im Klartext: Sie versetzen Ihren Auftraggeber in die Lage, selbst eine Entscheidung zu treffen und fordern diese hartnäckig von ihm ein. Sie können dabei nur gewinnen. Entweder Ihr Auftraggeber gibt Ihnen mehr Budget, oder er befreit Sie von den Qualitätsansprüchen des Kunden oder er verhandelt das Projekt mit dem Kunden neu.

VORSICHT BOMBE!

Wer nicht entscheiden will, wird erfinderisch. Er ist nicht erreichbar, reagiert nicht auf E-Mails, wird ungehalten, wirft Ihnen Inkompetenz vor usw. Dann bleiben Sie auf der Entscheidung sitzen und das Einzige was läuft, ist die Zeit – Ihre Zeit.

So entschärfen Sie die Bombe
Informieren Sie nicht nur über die verschiedenen Handlungsalternativen und deren Auswirkungen, sondern auch über die Konsequenz einer ausbleibenden Entscheidung: Was passiert, wenn nichts passiert? Weisen Sie hierbei auf den Zeitverzug und auf die Folgekosten einer fehlenden Entscheidung hin. Machen Sie deutlich, wie Sie ohne rechtzeitige Entscheidung weiter vorgehen werden. Man kann Ihnen dann nicht später entgegenhalten: „Wenn ich das gewusst hätte, dann hätte ich doch...". Und stellen Sie sicher, dass alle Informationen auch bei den richtigen Entscheidungsträgern ankommen.

PRO

Karriere: Sie machen einen guten Job. Das bedeutet, sicherzustellen, dass die richtigen Entscheidungen zum richtigen Zeitpunkt von den richtigen Gremien getroffen werden. Sie handeln souverän im Auftrag Ihres Auftraggebers, auch wenn Sie nicht selbst entscheiden. Das wird er Ihnen hoch anrechnen.

CONTRA

Termin: Entscheidungen gut vorzubereiten und von dem richtigen Gremium treffen zu lassen, kostet Zeit. Diese Zeit kann nicht produktiv für das Projekt genutzt werden und gefährdet den Endtermin.

Karriere: Man wird Sie auf diesem Wege nicht als den großen Macher und Entscheidungsträger wahrnehmen. Sie sind eher ein Wegbereiter und ein Moderator in Richtung der geeigneten Entscheidung, die aber dann von anderen getroffen wird. Leider wird Führungsstärke eher selten mit dieser Rolle in Verbindung gebracht.

> Insbesondere Auftraggeber, die sich lange vor einer Entscheidung gedrückt haben, werden es Ihnen übel nehmen, dass Sie nicht locker gelassen und selbst entschieden haben. Das kann sich negativ auf Ihre Karriere auswirken.

Fazit: Wann dieser Weg Erfolg verspricht

Dieser Weg nimmt Sie aus der Zwickmühle und reduziert Ihr Risiko des Scheiterns. Er ist langweilig, aber für viele Situationen ein sicherer Weg. In nahezu allen Märkten entstehen Projekte vor dem Hintergrund eines Preiskampfs: Wer den niedrigsten Preis anbietet, bekommt den Zuschlag. Deshalb sind Projekte immer knapp kalkuliert – finanziell und terminlich. Sie befinden sich also in Projekten fast täglich im Widerspruch zwischen Qualität und Kosten. Der Qualitätsengel auf einer Schulter predigt die Qualitätswünsche des Kunden, während der Controllerteufel auf der anderen Schulter die Kostenbremse tritt. Gut vorbereitet macht dieser Weg immer Sinn, es sei denn, Ihr Auftraggeber oder Ihr Vorgesetzter erwartet von Ihnen eigene Entscheidungen.

4

Mein Weg: Hilfe durch die Geschäftsführung – so bin ich vorgegangen

Da ich noch jung und unerfahren mit Projekten dieser Größe war, lag mir eine eigene Entscheidung „pro Qualität" oder „pro Budget" fern. Ich wusste, dass ich hier nicht ohne die Geschäftsführung auskommen würde. Und mein Status war mir sogar nützlich. Von einem erfahrenen Projektleiter hätte man erwartet, dass er das Problem lösen würde. Ich konnte mir erlauben, um Hilfe zu bitten, und das tat ich auch. Ich erstellte einen neuen Kostenplan, der den vom Kunden geforderten Umfang in der geforderten Qualität berücksichtigte. Dabei nahm ich bereits alle möglichen Kostensenkungsmaßnahmen in den Plan auf. Für den bisherigen Kostenplan ermittelte ich die Konsequenzen auf die Qualität und stellte die Abweichungen zu den Kundenforderungen dar, inklusive des Drohpotenzials durch qualitätsbedingte Vertragsstrafen und Risiken. Ich stellte alle Unterlagen zusammen und ging nach Rücksprache mit meinem direkten Vorgesetzten auf die Geschäftsführung zu. Dort empfing man den Projektleiter-Neuling wohlwollend, aber zurückhaltend. Es entstand eine Diskussion zwischen dem kaufmännischen und dem technischen Geschäftsführer. Sie konnten sich nicht einigen und es blieb dabei: Der Kunde ist wichtig, aber wir dürfen das Budget nicht überschreiten.

Wie es ausging? Wir konstruierten kostenbewusst, zögerten Bestellungen hinaus, beauftragten preiswerte Lieferanten oder führten gar selbst aus. Der Kunde bemerkte unsere Sparmaßnahmen und sprach direkt die Geschäftsführung an. Ab dann wurde mit enormem Aufwand in Sieben-Tage-Wochen und Mehrschichtbetrieb geschuftet. Am Schluss war der Kunde zufrieden; wir hatten das Budget um 50 Prozent überzogen. Die Geschäftsführung war sauer – auf sich selbst.

 KLARTEXT: DAS PROJEKT LÄUFT AUS DEM RUDER

1 Entscheiden Sie sich: Termin, Qualität oder Kosten? Alles geht nicht.

2 Lassen Sie den Auftraggeber entscheiden, wenn die Budgeteinhaltung, der Endtermin oder wichtige Qualitätskriterien gefährdet sind.

3 Vermeiden Sie böse Überraschungen. Binden Sie Ihren Auftraggeber in alles ein, was Termine, Kosten oder Qualität beeinflusst. Informieren Sie ihn zumindest im Projektbericht.

4 Entwerfen Sie Szenarien. Je besser Sie die Auswirkungen der Entscheidungen kennen, desto sinnvoller und nachhaltiger werden die Entscheidungen sein.

5 Entscheidungen sind verderbliche Ware. Je länger Sie Entscheidungen hinaus zögern, desto fauler wird das Ergebnis.

Gestern Mont Blanc, heute Everest – der richtige Umgang mit Moving Targets

In einem meiner Forschungs- und Entwicklungsprojekte (F&E-Projekte) gab es ein Problem. Wir hatten auf Basis diverser Marktstudien die mittelfristig geforderten Merkmale eines Produkts definiert und dieses Produkt entwickelt. Als der Prototyp getestet vor uns lag, ergaben neuere Marktstudien zusätzliche Merkmale des Produkts. Natürlich sollten diese Erkenntnisse in das Produkt aufgenommen werden und wir begannen von vorne. Nachdem wir die zusätzlichen Merkmale integriert hatten, wurden wiederum neue Anforderungen bekannt, die ebenfalls berücksichtigt werden sollten. Das Projekt wurde abermals „auf Los" geschickt. Inzwischen wurden Geschäftsführung und Vertrieb unruhig: Wann wurden wir endlich fertig? Was sollte ich in dieser Situation tun?

4

Wege zur Lösung

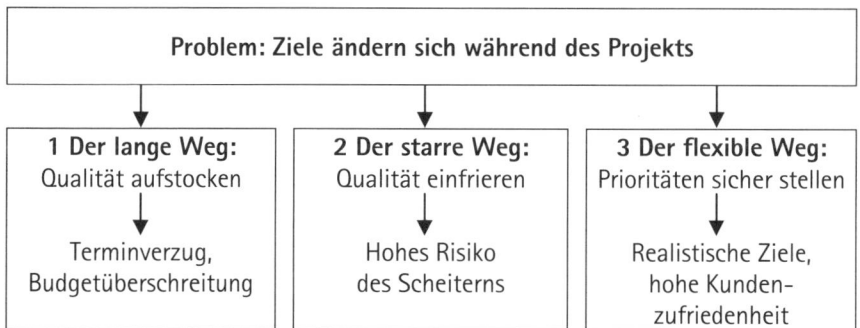

Problem: Ziele ändern sich während des Projekts		
1 Der lange Weg: Qualität aufstocken	**2 Der starre Weg:** Qualität einfrieren	**3 Der flexible Weg:** Prioritäten sicher stellen
Terminverzug, Budgetüberschreitung	Hohes Risiko des Scheiterns	Realistische Ziele, hohe Kundenzufriedenheit

1 Der lange Weg: Qualität aufstocken

Ein Projekt ist dazu da, den Bedarf eines Kunden zu decken. Natürlich kann sich dieser Bedarf ändern, das ist das gute Recht des Kunden. Wir leben in einer schnelllebigen Zeit, alles verändert sich. Sollen Sie dann etwa den geänderten Bedarf ignorieren und so tun, als wäre nichts passiert? Was soll ein Kunde mit einem Projektergebnis, das seinen aktuellen Bedarf nicht deckt? Da können Sie das Projekt doch gleich ganz einstampfen. Also gibt es für Sie nur einen Weg: Sie müssen die Qualität aufstocken. Die Projektziele müssen angepasst werden, bis sie dem aktuellen Kundenbedarf entsprechen. Natürlich hat das Folgen auf das Projekt:

- Zuerst überprüfen Sie, ob Sie etwas von Ihren bisherigen Ergebnissen weiter verwenden können oder ob Sie von vorne beginnen müssen.

- Dann überarbeiten Sie Termin-, Ressourcen- und Kostenplan.

- Auch eine neue Risikoanalyse wäre sinnvoll. Vielleicht sind die zusätzlichen Anforderungen technisch kritisch.

Es hilft ja nichts. Der Kunde muss bekommen, was er bestellt – egal wie viel es kostet und wie lange es dauert. Im Klartext: Sie sind Dienstleister des Kunden und sehen sich verpflichtet, seine mehr oder minder begründeten Anforderungsänderungen umzusetzen. So hätte ich das im Szenario getan: Qualität anpassen und vereinbaren, bisherige Arbeitsergebnisse auf Verwendbarkeit prüfen, Pläne aktualisieren und vereinbaren.

 VORSICHT BOMBE!

Sollten sich die Ziele häufiger ändern, werden Sie Probleme mit der Motivation Ihrer Teammitglieder bekommen. Schnell heißt es dann: Der Kunde weiß ja gar nicht, was er will. Damit dürften Engagement und Leistung Ihrer Leute langsam den Bach hinunter gehen.

So entschärfen Sie die Bombe
Sie dürfen auf keinen Fall in den Jammerchor einstimmen und auf den „bösen Kunden" schimpfen. Dann haben Sie zwar ein gemeinsames Feindbild, aber kein leistungsfähiges Team. Auch ein autoritärer Führungsstil wird Ihnen nicht weiter helfen. Versetzen Sie Ihre Leute lieber in die Perspektive des Kunden. Machen Sie die Veränderung verständlich. Vielleicht besuchen Sie gemeinsam den Kunden vor Ort und setzen sich „seine Brille" auf. Je besser Ihre Teammitglieder verstehen, desto motivierter sind sie für die anstehende Arbeit.

Qualität: Je vollständiger Sie den Bedarf des Kunden befriedigen können, desto mehr Qualität wird Ihr Kunde in Ihrem Projektergebnis erkennen. Auf diesem Weg sind Sie ganz nah am Kundenbedarf und somit auch an hoher Qualität.

Karriere: Wenn es Ihnen fortwährend gelingt, die geänderten Anforderungen in die Zielstellung zu integrieren und Ihr Projekt wieder neu auszurichten, wird man mit Ihnen zufrieden sein. Solange man Sie nicht für die steigenden Kosten und kaputten Termine verantwortlich macht, stehen Sie gut da. Nutzen Sie diesen Status schnellstmöglich, um Ihr Projekt zu verlassen und woanders Karriere zu machen.

Qualität: Kennen Sie die „Eier legende Wollmilchsau"? Sie sind gerade deren Geburtshelfer. Hier wird ein Projektergebnis immer wieder mit neuen und zusätzlichen Merkmalen zum „alle Probleme lösenden Monster" verhunzt. Hier entsteht alles, aber keine Qualität.

Termin: Dieses Projekt wird niemals fertig werden, weil Sie ständig zwischen Zielanpassung und Umsetzung hin und herpendeln müssen. Endtermin? Keiner in Sicht.

Kosten: Ihr Projektbudget verhält sich wie ein überzogenes Girokonto. Ständig muss man nachschießen, weil neue Anforderungen aufgenommen werden. Und Ihr Projekt verschlingt immer mehr Geld, je länger Sie auf diesem Weg bleiben.

Karriere: Ein North Dakota Indianer würde Ihnen folgende Weisheit mit auf den Weg geben: Wenn Du ein totes Pferd reitest, steig ab. Sie reiten ein totes Projekt, das niemals sein Ziel erreichen wird. Welches Ziel überhaupt – das erste, das aktuelle oder das nächste Ziel? Wenn Sie nicht rechtzeitig abspringen, landen Sie da, wo Ihr Projekt schon steht – auf dem Abstellgleis. Karriere ausgeschlossen.

Fazit: Wann dieser Weg Erfolg verspricht

Dieser Weg verspricht nur unter einer Bedingung Erfolg: Wenn er kurz bleibt. Sie können die Ziele einmal, vielleicht zweimal ändern, aber danach sollten Sie nur noch minimale Ergänzungen vornehmen. Ansonsten verlieren das Projekt und Sie selbst Glaubwürdigkeit und Akzeptanz.

Vielleicht soll aber das Projekt auch niemals seine Ziele erreichen. Es wäre nicht das erste Projekt, das wegen rumorender Spannungen zwischen mächtigen Stakeholdern auf diese Art und Weise ausgebremst wird. Oder das Projekt ist eine Spielwiese für Testzwecke. Wir drehen mal hier und schauen, was passiert – wir schrauben mal dort und warten ab. In beiden Fällen hätten Sie keine Handhabe, das Projekt von diesem Wege abzubringen. Aber Sie sollten den richtigen Zeitpunkt finden, zu dem Sie vom Projekt abspringen.

2 Der starre Weg: Qualität einfrieren

Sie haben viel Zeit und Energie in die Zielklärung mit allen wesentlichen Stakeholdern investiert, alle Planungsunterlagen auf dieser Basis ausgearbeitet und stecken jetzt mitten in der Umsetzung. Und da kommt nun der Kunde an, er hätte sich überlegt, alles doch lieber ganz anders haben zu wollen. So nicht. Das hätte er sich doch bitte vorher überlegen sollen. Sie gehen schließlich auch nicht ins Restaurant, bestellen dort das Gericht Nr. 251, um eine viertel Stunde nach Ihrer Bestellung doch mehr Gefallen an der 187 zu bekommen und umzubestellen. Selbst wenn Sie das täten, Sie würden die 251 nur bekommen, wenn Sie auch die 187 bezahlen. Außerdem bleibt es dann ohnehin nicht bei einer Änderung. Sobald der Kunde die erste Änderung durchgebracht hat, fällt ihm schon die nächste ein. Also: Wehret den Anfängen. Und deshalb bleibt alles, wie es vereinbart wurde. Die definierte Qualität wird eingefroren und hergestellt, basta.

Auf diesem Wege entwickelt sich das Szenario so weiter: Ich nehme die geänderten Anforderungen auf und prüfe die Abweichungen zu den bestehenden Zielen. Dabei vergewissere ich mich, dass die ursprünglichen Qualitätsanforderungen inhaltlich für ein erfolgreiches Projekt ausreichen. Natürlich erfasse ich sehr schnell, dass es sich nicht bloß um kleinere Anpassungen handelt. Deshalb schreibe ich eine höfliche E-Mail, in der ich die zusätzlichen Anforderungen aus Gründen der Unvereinbarkeit mit den aktuellen Zielen ablehne und gleichzeitig ankündige, dass das Projekt gemäß den bereits vereinbarten Planungsunterlagen umgesetzt wird. Trotzdem werbe ich bei den wesentlichen Stakeholdern – vor allem bei den späteren Nutzern – für die bestehenden Qualitätsanforderungen, um deren Akzeptanz nicht zu verlieren.

Termin: Sie haben Ihr Projekt vor einem drohenden Neustart bewahrt. Der bisherige Endtermin hätte um Monate, vielleicht sogar um Jahre verschoben werden müssen. Jetzt bleibt alles beim Alten – auch der Endtermin. Das ist Termintreue.

Kosten: Bei einem Neustart wären wesentliche Teile der bisherigen Arbeitsergebnisse unbrauchbar geworden. Und die bisherigen Kosten hätten komplett abgeschrieben werden müssen. Natürlich hätte die Neuplanung ein neues Budget bekommen müssen, was mit Sicherheit sogar über dem alten Budget gelegen hätte. Das bedeutet alte plus neue Kosten. Diesen Schock haben Sie dem Controlling erspart.

Qualität: Die Welt lernt ständig dazu. Die Innovation von heute ist der Ramsch von morgen. Überall ist Veränderung, vor allem in Projekten. Projekte sind dazu da, die Welt in die Zukunft zu führen. Wenn dieses Projekt nach neuesten Erkenntnissen nicht in die richtige Zukunft geht, dann muss das Projektziel neu ausgerichtet werden, sonst entsteht keine Qualität.

Karriere: Sicherlich dürfen Sie sich im Recht wähnen, wenn Sie nach einvernehmlichen Vereinbarungen keine Änderungen zulassen. Vielleicht wird man Sie sogar als Wächter der Projektziele schätzen. Allerdings werden Ihre Unbeweglichkeit und Ihre Härte mit Sicherheit den Kunden verschrecken. Man wird Ihnen vorwerfen, mit Ihnen keine Projekte machen zu können. Man wird Sie unter Druck setzen: Warum haben Sie die Notwendigkeit für die Zielanpassung nicht schon zu Projektbeginn erkannt? Sie sehen: Auch Sie werden auf diesem Weg nicht ohne Blessuren davon kommen, und das wird sich als Klotz am Bein für Ihre Karriere erweisen.

Fazit: Wann dieser Weg Erfolg verspricht

Der Weg verspricht dann Erfolg, wenn Sie erkennen, dass Ihre Kunden sehr heterogen sind und nicht alle eine Qualitätsanpassung fordern. Sie können die wesentlichen Kunden gegeneinander ausspielen und eine Pattsituation zwischen den Lagern schaffen. Es fehlt dann ein klares Votum und alles bleibt, wie es ist. Oder Sie haben einen mächtigen Promoter, der Sie gegen wechselnde Qualitätsanforderungen und erfolglose Projekte immun macht.

3 Der flexible Weg: Prioritäten sicher stellen

Sie suchen einen Weg, Moving Targets ausreichend zu berücksichtigen, ohne Ihr Projekt in eine Endlosschleife zu schicken. Das ist leichter gesagt als getan: Sollen die Ziele nun angepasst werden oder nicht? Diese Frage können Sie als Projektleiter nicht selbst beantworten, müssen Sie auch nicht. Sie stellen sicher, dass sie von anderen sinnvoll beantwortet wird: Sie stellen Prioritäten sicher. Ihre Aufgabe ist es, alle Optionen aufzubereiten und einem entscheidungsfähigen Gremium vorzulegen. Wenn also eine Veränderung der Zielstellung an Sie heran getragen wird, sind die folgenden Punkte von Ihnen zu klären:

- Warum müssen die Ziele (jetzt) verändert werden?
- Ist diese Veränderung ein Muss (weil bisherige Annahmen nicht zutreffen, sich Rahmenbedingungen ändern oder bisherige Ziele gefährdet sind)?
- Ist diese Veränderung technisch möglich?
- Was ist der zusätzliche Nutzen durch die Veränderung der Ziele?
- Was ist die Konsequenz, wenn die Ziele geändert werden (Budget, Termine, bisherige Arbeitsergebnisse)?
- Was ist die Konsequenz, wenn die Ziele nicht geändert werden?

Ihre Aufgabe als Projektleiter besteht darin, potenzielle Veränderungen der Zielstellung rechtzeitig zu erkennen, aufzunehmen, zu bewerten und einem geeigneten Entscheidungsgremium vorzustellen, das dann entscheiden muss. Eines steht fest: Wer die Qualität und bzw. oder den Umfang ändert, ändert auch das Budget und den Terminplan des Projekts. Wer eine Ecke des Magischen Dreiecks anfasst, muss die Auswirkungen auf die übrigen Ecken in Kauf nehmen. Sie sind für Ihr Projekt der Wächter des Magischen Dreiecks. Sie weisen frühzeitig auf alle Konsequenzen einer Veränderung der Ziele hin und stellen sicher, dass bewusste und realistische Entscheidungen gefällt werden, die Sie dann umsetzen können.

Neben dem inhaltlichen Aspekt der Entscheidung (Ziele anpassen oder nicht) gibt es auch einen zeitlichen Aspekt: Ziele jetzt anpassen oder nicht. Untersuchen Sie die Möglichkeit, das Projekt mit unveränderten Zielen weiterzuführen oder sogar mit einer Minimalversion der Ziele früher als geplant abzuschließen. Nach Abschluss dieses „Vorprojekts" können Sie auf Basis der erreichten Ergebnisse ein Folgeprojekt mit weiter reichenden Zielen anschließen. Mit der entstehenden Projekt-Reihe können Sie der Notwendigkeit von Moving Targets gerecht werden, ohne sich ständig zu verzetteln und am Ende mit leeren Händen da zu stehen.

Wie entwickelt sich auf diesem Wege mein F&E-Projekt? Zuerst lasse ich mir die zusätzlich gewünschten Merkmale genau erklären. Dann beschreibe und prüfe ich die Notwendigkeit, die Machbarkeit, den Nutzen und die Auswirkungen der zusätzlichen Merkmale. Als Teil dieses Vorgehens erstelle ich für die Option „Ziele anpassen" einen zusätzlichen Satz Planungsunterlagen: Zielkreuz, Stakeholder Portfolio, Risiken-Portfolio, Termin-, Ressourcen- und Kostenplan. Sobald mir alle Informationen für einen Vergleich der Optionen zur Verfügung stehen, entwerfe ich eine Entscheidungsmatrix und stelle diese in einem Lenkungskreis-Meeting vor. Dabei stelle ich auch die Auswirkungen einer verzögerten Entscheidung dar, da ich die Arbeiten bis zu einem Entscheid weitestgehend ruhen lasse.

VORSICHT BOMBE!

Sie entscheiden nicht selbst, Sie lassen entscheiden. Egal, wie toll Ihre Entscheidungsvorlage auch sein wird, Sie setzen Ihr Projekt noch immer der Gefahr einer Endlosschleife durch Moving Targets aus.

So entschärfen Sie die Bombe
Gehen Sie der Gefahr aus dem Wege, indem Sie die Entscheider im Vorfeld über die Gefahr informieren. Bringen Sie Negativbeispiele aus der Praxis, lassen Sie anerkannte Experten über das Risiko referieren, bauen Sie das Schreckgespenst der Moving Targets mit allen Konsequenzen für Projekte auf. Auf dieser Basis können Sie dann Regeln vereinbaren: Unter welchen Voraussetzungen sind Zielanpassungen möglich, wie viele Zielanpassungen sollen in einem Projekt maximal möglich sein, welches maximale Budget und welche maximale Dauer sind für das Projekt akzeptabel? In diesem Rahmen bleiben Zielanpassungen handhabbar.

PRO

> **Qualität:** Auf diesem Weg streben Sie nicht nach der besten Qualität, aber nach einer ausreichenden Qualität, die Sie auch erreichen können. Zusätzlich steigt die Qualität der Entscheidung.
>
> **Termin:** Ihr Projekt wird nicht in permanenten Zielanpassungen versinken – das ist ein riesiger Schritt in Richtung Termintreue, zugunsten des Endtermins.
>
> **Kosten:** Das Controlling wird Sie feiern. Endlich ein Mitspracherecht bei Zielanpassungen von Projekten und eine bessere Planbarkeit der Projektbudgets.
>
> **Karriere:** Sie binden die relevanten Stakeholder in die Entscheidungsfindung ein und schaffen es, das Projekt ohne Akzeptanzverlust voranzubringen. Das wird man Ihnen fachlich, methodisch und persönlich hoch anrechnen. So werden Managerkarrieren gemacht. Als freier Berater haben Sie so Ihre Daseinsberechtigung unter Beweis gestellt. Sie sind die neutrale und kompetente Instanz, die solche kniffligen Fälle löst, dafür hat man Sie engagiert.

 CONTRA

> **Termin:** Mal fällt ein Entscheidungsmeeting aus, mal ist zu wenig Zeit, mal ist man nicht beschlussfähig. Managemententscheidungen kosten oft Zeit – Zeit, die nicht effektiv am Projekt gearbeitet werden kann und den Endtermin gefährdet.

Fazit: Wann dieser Weg Erfolg verspricht

Dieser Weg befreit Sie aus einer misslichen Lage: Sie umschiffen das Risiko einer sachlich falschen oder nicht akzeptierten Entscheidung und sichern gleichzeitig Ihren Termin und Ihr Budget. Ihre einzige Investition ist die Zeit und die Mühe, die Sie für eine Managemententscheidung benötigen. Diese Investition lohnt aus Akzeptanzgründen auch dann, wenn die Sachlage eindeutig ist: bei schwachsinnigen oder zwingenden Zielanpassungen. Erliegen Sie auch nicht der Versuchung, das Mitspracherecht nach Fachwissen zu verteilen. Selbst inkompetente Stakeholder wollen gefragt werden. Wann immer Qualität, Termine und Kosten gleichrangige Aspekte darstellen und Sie mit Moving Targets konfrontiert werden, ist dieser Weg richtig.

Mein Weg: Mit Lenkungskreis zum Ziel – so bin ich vorgegangen

F&E-Projekte sind typische Kandidaten für Moving Targets. Viele F&E-Projekte geraten in einen Strudel sich ständig steigernder Qualitätsanpassungen und erblicken das Licht des Markts mit massivem Verzug – wenn überhaupt. Ich war mir bewusst, dass ich weder die Qualitätsziele einfrieren, noch den Qualitätsaufstockungen Einhalt gebieten konnte. Deshalb blieb mir nur, sicherzustellen, dass Prioritäten von einem geeigneten Lenkungskreis gesetzt werden. Also stellte ich nach den ersten Zielanpassungen gemeinsam mit dem Auftraggeber auf Basis eines Stakeholder-Portfolios einen Lenkungskreis zusammen, der regelmäßige Berichte erhielt und über mögliche Zielanpassungen entscheiden sollte. Außerdem führten wir einen Änderungsantrag (siehe S. 179) ein, in dem Anpassungswünsche zu formulieren waren. Der Präzedenzfall kam, als die Ziele zum dritten Mal aufgestockt werden sollten. Es war sogar der Auftraggeber selbst, der mich darum bat, seiner Meinung nach unwesentliche Ergänzungen an den Qualitätsmerkmalen vorzunehmen. Zwar irritierte ihn mein Hinweis auf den Lenkungskreis, aber er willigte in das vereinbarte Vorgehen für solche Anliegen ein. Allerdings hielt er es mehr für eine Formsache und weniger für einen zu diskutierenden Antrag. Im Lenkungskreis-Meeting stellte ich die Optionen „alte Qualität", „neue Qualität" und „Folgeprojekt" mit den jeweiligen Auswirkungen in einer Entscheidungsmatrix dar. Außerdem stellte ich eine qualitative Bewertung der zusätzlichen Merkmale in einer Nutzwertanalyse (siehe S. 140) vor. Wie zu erwarten, brach eine kontroverse Diskussion über die zu wählende Option aus. Es kam keine Mehrheit für die Bewilligung der Ergänzungen zustande. Dem Lenkungskreis war eine 100-Prozent-Lösung zum geplanten Endtermin wichtiger als eine 105-Prozent-Lösung ein halbes Jahr später.

Was aus dem Projekt wurde? Es gab im Weiteren immer wieder Anträge auf Zielanpassungen, aber es wurden nur wenige Ergänzungen freigegeben. Das Projekt wurde im Zeitplan und mit einer leichten Budgetüberschreitung abgeschlossen. Das Ergebnis entsprach den ursprünglichen Anforderungen und war marktfähig. Unabhängig davon wurden die in diesem Projekt abgelehnten Erweiterungen in einem Folgeprojekt angegangen.

1 Stellen Sie sich rechtzeitig darauf ein: Jeder Kunde hat Nachträge zum Projektauftrag. Anregungen, Ideen, Wünsche und Anweisungen, die den Umfang oder die Qualitätsziele verändern.

2 Seien Sie der Wächter des Magischen Dreiecks. Jede Änderung von Umfang oder Qualität hat Auswirkungen auf Termine und Budget.

3 Informieren Sie umfänglich und rechtzeitig. Es ist die Aufgabe des Projektleiters, alle Optionen vergleichbar darzustellen. Nur wer gut informiert ist, trifft auch die richtigen Entscheidungen.

4 Niemand kann alles haben. Stellen Sie sicher, dass inhaltlich sinnvolle und akzeptierte Prioritäten gesetzt werden – und setzen Sie diese um.

5 Nutzen Sie einen Lenkungskreis als Entscheidungsgremium für Nachträge. Zielanpassungen übersteigen Ihre Befugnisse.

Diese Tools brauchen Sie

 NÜTZLICHE TOOLS

Tool	Beschreibung, Stärken/Schwächen	Aufwand Nutzen
Regelkreisprinzip	Modell für die Funktionsweise des Projektcontrollings. Verständlich und praxisnah.	● ★★★★★
Fertigstellungsgrad	Methode für die Skalierung des Fortschritts von Projekten. Standard der Terminplanung. Sehr aufwändig in der Umsetzung.	●●●● ★★★★★
Plan/Ist-Vergleich	Methode zur Darstellung der Plantreue. Standard im Projektmanagement. Sehr aufwändig, aber zwingend notwendig.	●●●●● ★★★★★
Meilenstein-Trendanalyse	Methode für die Darstellung der Historie von Meilensteinterminen. Einfach in der Handhabung. Dient mehr der Präsentation als der Steuerung. Selten in der Praxis anzutreffen.	●● ★★★

Tool	Beschreibung, Stärken/Schwächen	Aufwand Nutzen
Cash Flow	Methode zur Darstellung der liquiden Mittel. Standard im Kosten-Controlling. Nur sinnvoll bei Investitionsprojekten.	●● ✶✶✶✶
Änderungs-antrag 🔽	Format für das Beantragen von technischen und/oder kaufmännischen Änderungen. Einfach und bewährt in der Handhabung. Bedarf der Disziplin bei allen Beteiligten.	●● ✶✶✶✶
Zielkostenrechnung (Target Pricing)	Methode zur Preisfindung auf wettbewerbsintensiven Märkten. Hohe Kundenorientierung. Komplex in der Umsetzung.	●●●● ✶✶✶✶
Claim Management	Methode für den Umgang mit zusätzlichen Kundenanforderungen. Standard des Projektmanagement. Aufwändig und juristisch komplex.	●●● ✶✶✶✶

Die mit dem Icon 🔽 gekennzeichneten Tools können Sie im Internet unter www.projektmagazin.de/klartext abrufen.

Die besten Tools – wie Sie funktionieren

Regelkreisprinzip

Projektcontrolling besteht aus den sich wiederholenden Schritten

- planen,
- umsetzen,
- beobachten (messen),
- prüfen (vergleichen, prognostizieren) und
- korrigieren (neu planen bzw. regeln).

Das Regelkreisprinzip beruht auf gesundem Menschenverstand. Einer bewussten Handlung geht eine Planung voraus, bevor sie umgesetzt und ihre Wirksamkeit überprüft wird. Aus ganzheitlicher Sicht ergeben Planung, Verfolgung und Steuerung zusammen das Projektcontrolling. Projektcontrolling funktioniert also nach dem klassischen Regelkreisprinzip (englisch PDCA: plan – do – check – act). Dieses Prinzip ist auch auf die Projektphasen übertragbar.

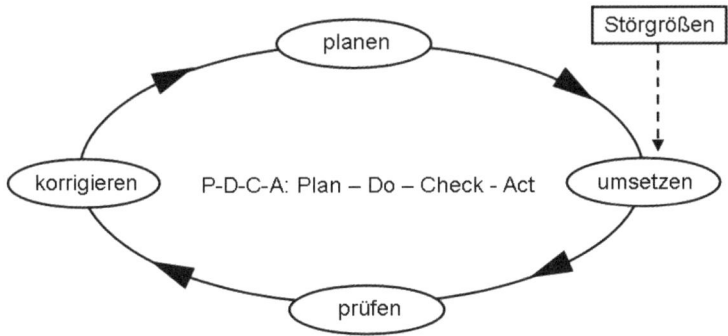

Abbildung: Regelkreisprinzip

Fertigstellungsgrad

Der Fertigstellungsgrad (in Prozent) bezeichnet das Verhältnis der zu einem Stichtag erbrachten Leistung zur Gesamtleistung eines Vorgangs, Arbeitspakets oder Projekts (DIN 69903). Für die Terminverfolgung ist der Fertigstellungsgrad (auch Leistungs- oder Arbeitsfortschritt) von besonderer Bedeutung. Terminaussagen stehen immer in engem Zusammenhang mit einer entsprechend zu erbringenden Arbeitsleistung. Abhängig von der Art der Aktivität stehen verschiedene Möglichkeiten für die Festlegung des Fertigstellungsgrads zur Verfügung:

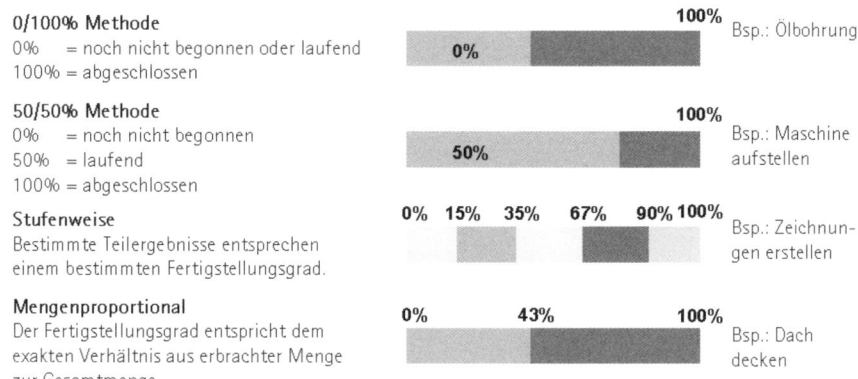

0/100% Methode
0%   = noch nicht begonnen oder laufend
100% = abgeschlossen

Bsp.: Ölbohrung

50/50% Methode
0%   = noch nicht begonnen
50% = laufend
100% = abgeschlossen

Bsp.: Maschine
aufstellen

Stufenweise
Bestimmte Teilergebnisse entsprechen
einem bestimmten Fertigstellungsgrad.

Bsp.: Zeichnun-
gen erstellen

Mengenproportional
Der Fertigstellungsgrad entspricht dem
exakten Verhältnis aus erbrachter Menge
zur Gesamtmenge.

Bsp.: Dach
decken

Abbildung: Möglichkeiten, den Fertigstellungsgrad festzulegen#

Plan/Ist-Vergleich

Der Plan/Ist-Vergleich ist das Herzstück des Controllings. Sowohl für die Termine als auch für die Kosten werden den ursprünglichen Plandaten regelmäßig die aktuellen Ist-Daten gegenübergestellt und in Tabellen, Kurven, Balkendiagrammen visualisiert.

Vorgänger	Geplante Dauer	Geplanter Anfang	Geplantes Ende	Aktuelle Dauer	Aktueller Anfang	Aktuelles Ende	Verbleibende Dauer	% Abgeschlossen	
1		0 Tage	Mo 04.09.06	Mo 04.09.06	0 Tage	Mo 04.09.06	Mo 04.09.06	0 Tage	100%	
2	1	2 Tage	Mo 04.09.06	Di 05.09.06	3 Tage	Mo 04.09.06	Mi 06.09.06	0 Tage	100%	
3	2	3 Tage	Mi 06.09.06	Fr 08.09.06	1,5 Tage	Do 07.09.06	NV	1,5 Tage	50%	
4	3	3 Tage	Mo 11.09.06	Mi 13.09.06	0 Tage	NV	NV	3 Tage	0%	
5	2	2 Tage	Mi 06.09.06	Do 07.09.06	2 Tage	Do 07.09.06	Fr 08.09.06	0 Tage	100%	
6	5	3 Tage	Fr 08.09.06	Di 12.09.06	0 Tage	NV	NV	3 Tage	0%	
7	2	2 Tage	Mi 06.09.06	Do 07.09.06	1 Tag	Do 07.09.06	NV	1 Tag	50%	
8	7;4;6	0 Tage	Mi 13.09.06	Mi 13.09.06	0 Tage	NV	NV	0 Tage	0%	
9										

Situation am Sa. den 09. 09.:

- Aktivität 2 dauerte 1 Tag länger
- Dadurch verschob sich der Beginn von Aktivität 3, 5, 7
- Aktivitäten 3, 4 liegen auf dem kritischen Pfad und verschieben den Endtermin (8) des Projekts
- Aktivitäten 5, 6, 7 verschieben sich, sind aber unkritisch und haben z.Zt. keinen Einfluss auf den Endtermin
- Aktivitäten 3 und 7 weisen zudem einen geringen Arbeitsfortschritt auf. Aktivität 3 könnte somit weiteren Verzug verursachen.

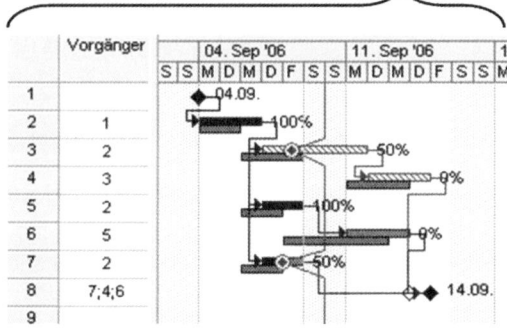

Legende: unterer Balken: Plan; oberer Balken: Ist

Abbildung: Plan/Ist-Vergleich im Terminplan

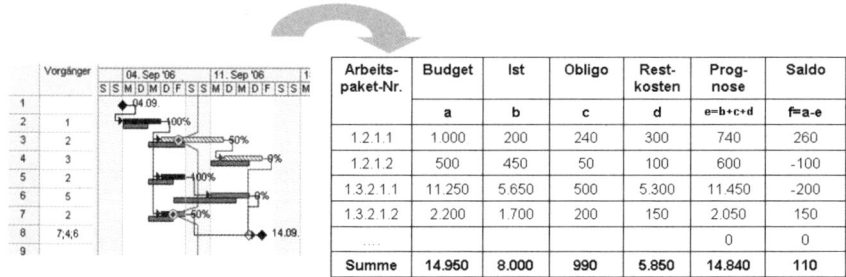

Arbeitspaket-Nr.	Budget	Ist	Obligo	Restkosten	Prognose	Saldo
	a	b	c	d	e=b+c+d	f=a-e
1.2.1.1	1.000	200	240	300	740	260
1.2.1.2	500	450	50	100	600	-100
1.3.2.1.1	11.250	5.650	500	5.300	11.450	-200
1.3.2.1.2	2.200	1.700	200	150	2.050	150
....					0	0
Summe	14.950	8.000	990	5.850	14.840	110

Abbildung: Plan/Ist-Vergleich im Kostenplan

Meilenstein-Trendanalyse

Zu regelmäßigen Berichtszeitpunkten wird eine Prognose über die Plantermine der noch anstehenden Meilensteine erstellt. Aus dem so aufgezeichneten Verlauf lassen sich für jeden Meilenstein eine Historie und ein aktueller Trend erkennen.

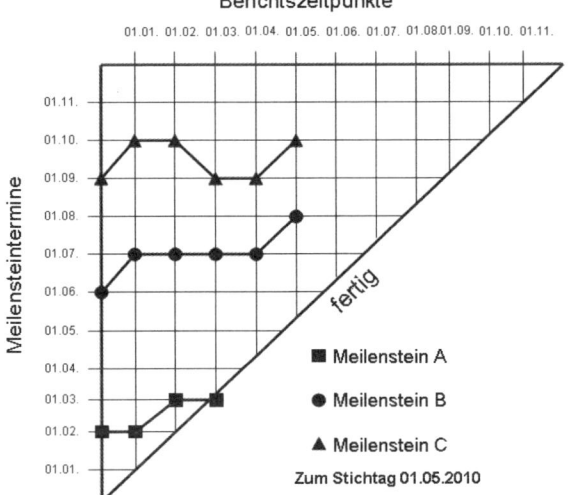

Abbildung: Meilenstein-Trendanalyse

Cash Flow

Der Begriff Cash Flow beschreibt die Entwicklung der flüssigen Mittel inner-halb einer Abrechnungsperiode. Im Wesentlichen ergibt sich seine Höhe aus der Addition von Jahresüberschuss, Steuern vom Ertrag und Einkommen, Abschreibungen sowie Veränderungen der langfristigen Rückstellungen. Auf ein Projekt bezogen drückt der Cash Flow den Saldo aus Zu- und Abflüssen auf dem Projektkonto aus.

Änderungsantrag ⊡

Mit Änderungsanträgen formalisieren Sie die Handhabung von Änderungs-wünschen bzw. -anforderungen. Sobald eine Veränderung der Eigenschaften einer bestimmten Produktversion erforderlich ist, muss diese unter Angabe der Ursache und Auswirkungen in einem Formblatt bei einer zentralen Stelle oder in einem zentralen System beantragt werden.

Zielkostenrechnung (Target Pricing)

Mit der Zielkostenrechnung wird versucht, die Kundenwünsche sowohl hinsichtlich des Preises als auch hinsichtlich geforderter Produkteigenschaften zu verwirklichen. Über eine Marktforschungsmaßnahme (z. B. neues Produkt für Markt XY) werden der wettbewerbsfähige Marktpreis und die Produktanforderungen der potenziellen Kunden ermittelt. Die Produktanforderungen werden nach ihrer Erfordernis und ihrem Kosteneinfluss gewichtet. Vorteil der Zielkostenrechnung ist die frühe Beeinflussung der Kosten im Produktlebenszyklus bei einer relativ hohen Produktqualität.

Claim Management

Ein Claim ist ein auf Basis der vertraglichen Vereinbarungen gestellter (Rechts-) Anspruch in Form von Geld für z. B. Zusatzaufwand, Schäden, Versicherungsfälle, Verzug, Behinderungen, Leistungsminderung etc. Claim Management beschreibt den Umgang mit Claims im Projekt: Ursachen, Inhalte und Verfahrensweisen eines Claims werden in einem Vertrag zwischen Kunde und Auftragnehmer sehr genau beschrieben. Zumindest sollte ein Auftragnehmer über eigene Prozesse für die Handhabung von Claims verfügen.

5 Das Projektende gestalten

Obwohl er es während des Projekts oft herbeisehnt, empfindet der typische Projektleiter das Projektende wie einen alten Kaugummi: zäh und klebrig, es zieht sich und lässt sich nicht abschütteln. Kein Wunder:

- Die letzten Prozente der Zielerreichung ziehen sich. Viele unangenehme und formelle Kleinigkeiten, lästig und mühselig. Es droht das 95-Prozent-Syndrom: Alles ist fast fertig, aber eben nur fast.
- Der Startschuss für ein neues Projekt ist gefallen. Das Management zieht die Ressourcen aus dem alten Projekt ab, bevor es ad acta gelegt ist.

Zu einem guten Projekt gehört auch ein guter Schlusspunkt. Diese letzten Herausforderungen des Projekts gilt es zu meistern. Schließlich wollen Sie nicht ausgerechnet auf den letzten Metern Fehler machen. Hinweise, die Ihnen in dieser Situation helfen können, finden Sie im folgenden Kapitel.

Alles fast fertig – wie Sie das 95-Prozent-Syndrom umschiffen

Eines meiner Anlagenbauprojekte verlief bis zum Ende der Bauphase weitgehend im Plan. Allerdings bereitete mir eine Entwicklung Sorge: Der Arbeitsfortschritt flachte gegen Ende des Projekts stetig ab; wir verloren an Fahrt. Der Bauleiter konnte mich schnell aufklären. Zwar waren die wesentlichen Anlagenteile inzwischen montiert und in Betrieb genommen, aber zahlreiche Kleinteile, Anpassungen und Änderungen führten zu immer neuen Maßnahmen. Für jede abgeschlossene Arbeit kam wieder eine zusätzliche Arbeit dazu – also gab es keinen Fortschritt mehr. Der Endtermin war schon in Sicht. So konnte ich die Anlage unmöglich übergeben. Das würde der Kunde niemals akzeptieren. Wie sollte ich das Projekt wieder in den Griff bekommen?

Wege zur Lösung

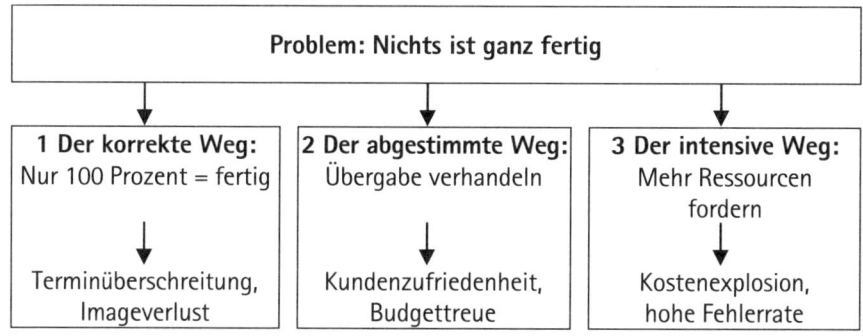

Problem: Nichts ist ganz fertig		
1 Der korrekte Weg: Nur 100 Prozent = fertig	**2 Der abgestimmte Weg:** Übergabe verhandeln	**3 Der intensive Weg:** Mehr Ressourcen fordern
Terminüberschreitung, Imageverlust	Kundenzufriedenheit, Budgettreue	Kostenexplosion, hohe Fehlerrate

1 Der korrekte Weg: Nur 100 Prozent = fertig

Sie haben mit Ihrem Auftraggeber einen Vertrag, in dem das zu übergebende Projektergebnis eindeutig beschrieben ist. Damit ist alles gesagt. Sie kaufen doch auch kein Auto, bei dem das Lenkrad noch nachgeliefert werden muss. Nein, für Sie ist klar: Nur 100 Prozent bedeutet fertig. Das erwartet Ihr Auftraggeber – nicht mehr und nicht weniger. Bis dahin haben Sie Ihre Hausaufgaben zu machen.

Im Klartext: Sie müssen dafür sorgen, dass alle Arbeiten vertragsgemäß abgeschlossen werden. Erst dann können Sie das Ergebnis an den Kunden übergeben. Notfalls werden Sie den Endtermin nicht einhalten.

Dieser Weg wirkt sich auf mein Anlagenbauprojekt so aus: Der Bauleiter erhält von mir die Anweisung, alle offenen Punkte gewissenhaft abzuarbeiten. Erst wenn die komplette Anlage fehlerfrei in Betrieb ist, wird mit dem Auftraggeber eine Übergabe (siehe S. 198) vereinbart. Bis dahin wird täglich eine Baubesprechung stattfinden, um den aktuellen Stand der Dinge beurteilen zu können. Eine Fortschrittsmessung findet ab sofort nach der 0/100-Prozent-Methode statt – nur wirklich fertige und geprüfte Aktivitäten werden gezählt.

VORSICHT BOMBE!

Für Sie zählt nur die komplette Vertragserfüllung. Erst dann wird der Auftraggeber das Ergebnis zu sehen bekommen. Dafür opfern Sie auch die Einhaltung des Endtermins.

So entschärfen Sie die Bombe
Informieren Sie Ihren Auftraggeber so früh wie möglich über den drohenden Terminverzug. Er wird nicht erfreut sein. Aber er ist dann noch eher in der Lage, seinerseits Vorkehrungen zu treffen. Wenn schon ein Verzug, dann mit Ansage.

PRO

Qualität: Sie lassen nicht locker, bis Ihr Auftraggeber das Ergebnis in der von ihm definierten Qualität bekommt. Gut für die Qualität.

CONTRA

Termin: Sie achten auf die Qualität – und nehmen dafür bereitwillig einen Terminverzug in Kauf. Und der wird kommen: Die letzten 5 Prozent Fortschritt dauern mindestens 10 Prozent der gesamten Projektlaufzeit. Damit ist der Endtermin verloren.

Kosten: Solange Sie das Projektergebnis nicht formell an den Auftraggeber übergeben haben, bleibt der finale Meilenstein unerreicht. Dummerweise ist dieser Meilenstein bei Investitionsprojekten grundsätzlich mit einer Zahlung gekoppelt. Diese Zahlung bleibt jetzt aus. Zusätzlich droht Ihnen bei Terminverzug häufig sogar eine Vertragsstrafe. Beides belastet Ihr Projektbudget.

Karriere: Vielleicht verzeiht Ihr Auftraggeber Ihnen den Terminverzug und lobt Sie sogar für Ihre Leistung. Ihr Vorgesetzter wird das allerdings anders sehen. Sie haben viel länger als geplant wertvolle Ressourcen gebunden. Andere Vorhaben konnten deshalb nicht begonnen werden. Das wird Ihre Karrierechancen mindern.

Fazit: Wann dieser Weg Erfolg verspricht

Dieser Weg ist angebracht, wenn ein äußerst penibler Auftraggeber nur nach kompletter Leistungserbringung bereit ist, das Projektergebnis zu übernehmen. Vielleicht ist der Auftraggeber (noch) nicht auf das Ergebnis angewiesen; vielleicht möchte er die Schlusszahlung hinaus schieben. Oder die noch ausstehenden Arbeiten sind derart gravierend, dass eine Nutzung des Ergebnisses noch nicht möglich ist.

2 Der abgestimmte Weg: Übergabe verhandeln

Der Auftraggeber verlangt die vollständige Erfüllung seiner Anforderungen. Sie wollen trotz unvollständiger Erfüllung das Projektergebnis pünktlich übergeben. Dabei ist unbestritten, dass es auch Ihr Ziel ist, die Anforderungen vollständig zu erfüllen. Die Frage ist also nicht „ob", sondern „wann" alle Arbeiten abgeschlossen sind. Deshalb versuchen Sie auf diesem Wege, das bisher erreichte Projektergebnis zum vereinbarten Endtermin zu übergeben und danach die restlichen Arbeiten abzuschließen: Sie verhandeln mit dem Auftraggeber eine Übergabe (siehe S. 198). Damit die Verhandlung mit

Ihrem Auftraggeber Erfolg verspricht, sollten folgende Voraussetzungen erfüllt sein:

- Das Projektergebnis muss zumindest in einem funktionsfähigen Zustand sein, so dass es den Gebrauchszweck des Auftraggebers erfüllen kann.
- Während des bisherigen Projektverlaufs war Ihr Auftraggeber in der Regel zufrieden mit Ihnen – er hat Vertrauen in Sie und in das Ergebnis.
- Ihr Auftraggeber hat einen Nutzen, wenn er das Ergebnis zum geplanten Termin übernimmt.
- Sie können Ihrem Auftraggeber zumindest in grober Form beschreiben und bestätigen, bis wann die Restarbeiten abgeschlossen sein werden.

Im Klartext: Sie halten den Übergabetermin. Damit Ihr Auftraggeber mitspielt, machen Sie ihm das bisherige Ergebnis schmackhaft und erledigen später den Rest.

Was bedeutet dieser Weg für mein Anlagenbauprojekt? Ich liste gemeinsam mit dem Bauleiter alle Restarbeiten auf, die wir zum jetzigen Zeitpunkt erkennen. Dann teilen wir diese Restarbeiten in zwei Kategorien:

- Kategorie 1: Restarbeiten, die einer Funktionsfähigkeit der Anlage im Wege stehen
- Kategorie 2: Restarbeiten, die nicht die Funktionsfähigkeit der Anlage berühren

Dann erstellen wir einen Termin- und Ressourcenplan, um die Restarbeiten der Kategorie 1 bis zum vereinbarten Endtermin erledigen zu können. Die in diesem Terminplan enthaltenen Aktivitäten sind mit klaren Vorgaben versehen für eine eindeutige Messung der Fertigstellungsgrade (siehe S. 176). Sobald die Funktionsfähigkeit der Anlage nachgewiesen wird, initiiere ich eine Übergabe an den Auftraggeber. Kommt es zu einer Übergabe, lege ich die Liste aller noch offenen Restarbeiten als Liste offener Punkte (siehe S. 199) oder in Form eines Terminplans dem Übergabeprotokoll bei.

PRO

Qualität: Im Moment der Übergabe akzeptiert der Auftraggeber die von Ihnen gelieferte Qualität. Ein Übergabeprotokoll ist automatisch ein Qualitätssiegel. Sie erfüllen die Qualitätsanforderungen des Auftraggebers.

Termin: Sie haben den Endtermin fest im Blick. Wenn Sie die Übergabe zum Endtermin schaffen, sind Sie der termintreue Gewinner des Projekts.

Kosten: Übergabe = Schlusszahlung. Wahrscheinlich werden Sie aufgrund der laufenden Restarbeiten nicht die volle Schlusszahlung erhalten – aber einen wesentlichen Anteil davon. Das verbessert den Cash Flow. Außerdem müssen Sie keine Vertragsstrafe zahlen. Das entlastet Ihr Budget.

Karriere: Dem Auftraggeber zum vereinbarten Termin eine funktionsfähige Anlage übergeben, dem Vorgesetzten Geld gespart und Image verschafft. So agieren erfolgreiche Projektleiter. Das wird sich für Sie lohnen.

 CONTRA

Qualität: Sie sind mit dem Projekt nicht fertig. Das kann sich auf den Umfang, aber auch auf die Qualität beziehen. Ob das Projektergebnis tatsächlich ohne die letzten 5 Prozent funktionsfähig ist, wissen Sie erst später. Fest steht, dass noch etwas fehlt.

Fazit: Wann dieser Weg Erfolg verspricht

Dieser Weg verspricht Erfolg, wenn Sie das geeignete Paar Schuhe mitbringen: ein funktionsfähiges Projektergebnis, das den Anforderungen entspricht, und einen Auftraggeber, der Ihnen vertraut und das Ergebnis dringend braucht.

3 Der intensive Weg: Mehr Ressourcen fordern

Sie wollen das Projektergebnis pünktlich zum Endtermin an Ihren Auftraggeber übergeben und sehen sich gezwungen, alle Restarbeiten bis dahin abzuschließen. Sie kennen das Magische Dreieck und das spricht in dieser Situation eine klare Sprache. Wenn sowohl Umfang und Qualität als auch der Termin gesetzt sind, bleibt Ihnen nur eine Stellgröße: mehr Ressourcen. Je mehr Personal und Ausrüstung Sie einsetzen können, umso eher halten

Sie den Endtermin. Im Klartext: Sie fahren den Ressourceneinsatz massiv in die Höhe, damit die Restarbeiten schnell abgearbeitet werden können.

Für mein Anlagenbauprojekt bedeutet dieser Weg, gemeinsam mit dem Bauleiter alle Restarbeiten zu definieren und sie in einem entsprechenden Termin- und Ressourcenplan abzubilden. Dabei arbeite ich möglichst viele Restarbeiten parallel ab. Dementsprechend hoch ist mein Ressourcenbedarf, den ich über Lieferanten decke. Natürlich muss ich auch meinen Kostenplan aktualisieren und von meinem Vorgesetzten freigeben lassen.

VORSICHT BOMBE!

Sie arbeiten nach dem so genannten 1.000-Mann-Prinzip: Ein Aufwand wird mit einer Verdopplung der Ressourcen in der halben Zeit abgearbeitet. Aber dieses Prinzip hat seine Grenzen. Einerseits ist es nur für physische Tätigkeiten geeignet, andererseits ist für jede Tätigkeit irgendwann ein maximal verträglicher Ressourceneinsatz erreicht. Jenseits dieser Grenze behindern sich die Leute gegenseitig und die Effizienz sinkt ins Bodenlose. Dann kehrt sich das Prinzip in sein Gegenteil um und Sie brauchen noch länger, als anfangs geplant.

So entschärfen Sie die Bombe
Achten Sie darauf, dass Ihre Mitarbeiter sich nicht gegenseitig im Weg stehen. Je mehr Personal Sie einsetzen, desto intensiver sollten Sie die Koordination gestalten. Dazu gehören klare Aufgabenaufteilung, gute Einarbeitung, regelmäßige Besprechungen und eine ausreichende Anzahl an qualifizierten Personen.

PRO

Termin: Sie wollen den Endtermin halten und dafür ist Ihnen jedes Mittel recht. Sie wollen Fortschritt um jeden Preis. Das wird Ihren Auftraggeber auf jeden Fall beeindrucken und ihn für eine Übergabe zum Endtermin empfänglicher machen.

CONTRA

Qualität: Je mehr Leute unter Termindruck eingearbeitet, angewiesen und betreut werden müssen, desto höher wird die Fehlerrate und desto weniger werden Sie auf eine geordnete Qualitätssicherung achten können. Beides reduziert direkt Ihre Qualität – das ist der Preis für den hohen Arbeitsfortschritt.

Kosten: Sie pumpen massiv Ressourcen in Ihr Projekt. Eines steht dabei bereits fest. Sie erzeugen eine Kostenexplosion, die Ihr Budget übersteigen wird.

Karriere: Wenn ein Projektleiter kurz vor dem Endtermin zu solchen Maßnahmen greifen muss, dann ist vorher irgendetwas schief gelaufen. Im Zweifel werden Fehlentwicklungen zuerst immer dem Projektleiter angelastet. Schaffen Sie den Endtermin nicht, haben Sie Ihrer Karriere einen Bärendienst erwiesen.

Fazit: Wann dieser Weg Erfolg verspricht

Dieser Weg ist Ihre letzte Trumpfkarte. Wenn der Endtermin auf jeden Fall gehalten werden muss und sich der Kunde auf keine Übergabe ohne 100-prozentige Zielerreichung einlässt, dann bleibt Ihnen nur noch dieser Weg. Allerdings sollten Sie für diesen Weg die geeignete Ausrüstung haben: die „Lizenz zur Budgetüberschreitung". Entweder Ihr Budget hat noch Reserven für diesen Weg übrig oder Sie haben von Ihrem Management grünes Licht für eine Budgetüberschreitung bekommen. Teuer wird es auf jeden Fall.

Mein Weg: Übergabe verhandeln – so bin ich vorgegangen

Fast jedes Projekt wird gegen Ende vom 95-Prozent-Syndrom befallen. Über weite Teile der Umsetzungsphase liegt der Arbeitsfortschritt im Plan, aber gegen Ende summieren sich die Planungslücken und -fehler mit den ungelösten und zum Teil vertuschten Problemen. Zusätzlich erfordern die letzten Meter zum Ziel die höchste Aufmerksamkeit, wie ein Rennwagen, der zum Einparken abbremst.

Für mein Anlagenbauprojekt war eine hohe Vertragsstrafe bei Terminverzug vereinbart worden, weil der Auftraggeber die Anlage ab dem Endtermin betreiben wollte. Auch war er bereits Verpflichtungen für die Nutzung der Anlage eingegangen. Das war meine Chance. Da der Auftraggeber mit dem bisherigen Projektverlauf recht zufrieden war, hegte ich berechtigte Hoffnung auf eine Einigung mit ihm. Ich wollte die Übergabe mit ihm verhandeln. Ich vereinbarte mit ihm die Übergabe (siehe S. 198) einer funktionsfähigen Anlage zum geplanten Endtermin. Ich versprach, dass die darüber hinaus erforderlichen Arbeiten bis vier Wochen nach der Übergabe erledigt sein würden. Nachdem ich mit dem Bauleiter die für eine Übergabe relevanten Restarbeiten in einem Termin- und Ressourcenplan beschrieben hatte, setzten wir das auf der Baustelle verfügbare Personal ausschließlich für diese Tätigkeiten ein. In täglichen Baubesprechungen verfolgten wir den Fortschritt und nahmen weitere relevante Restarbeiten in unsere Planung auf.

Wie es weiter ging? Wir arbeiteten mehrschichtig, um die Anlage rechtzeitig in Betrieb nehmen zu können. Nach zwei Wochen Probebetrieb konnten wir die Funktionsfähigkeit der Anlage nachweisen und luden den Auftraggeber zur Übergabe. Der war sehr erleichtert und übernahm die Anlage. Natürlich gab es eine lange Liste offener Punkte (List of Open Points, siehe S. 199), die wir in den folgenden Wochen abarbeiteten. Glücklicherweise lief die Anlage auch nach der Übergabe, so dass der Auftraggeber zufrieden war. Das Budget hat nicht ganz gereicht, aber der Termin wurde gehalten und die Qualität wurde erreicht.

KLARTEXT: WIE SIE DAS 95-PROZENT-SYNDROM UMSCHIFFEN

1 Planen und verfolgen Sie das Projekt mit Fertigstellungsgraden und erkennen Sie rechtzeitig ein 95-Prozent-Syndrom". Zu verhindern ist es leider kaum.

2 Gegen Ende eines Projekts besteht die Gefahr, die geforderten 100 Prozent von Umfang und Qualität nur zu Lasten des Endtermins zu schaffen.

3 Sie bewegen sich im Magischen Dreieck. Was ist wichtiger: Umfang und Qualität, Termin oder Budgeteinhaltung? Entscheiden Sie bewusst.

4 Ihr Ziel ist es, die Übergabe zum geplanten Endtermin zu realisieren. Verhandeln Sie mit dem Auftraggeber das dafür erforderliche Minimum an Umfang und Qualität.

5 Klammern Sie entbehrliche Restarbeiten zum Übergabetermin aus und vereinbaren Sie eine spätere Abarbeitung.

Nach dem Projekt ist vor dem Projekt: Ergebnisse und Erfahrungen sichern

» DAS SZENARIO

Eines meiner größeren IT-Projekte stand kurz vor dem Abschluss. Die Ziele waren fast vollständig erreicht. Wir arbeiteten an den letzten Optimierungen. Es handelte sich um einen Evergreen in der IT-Abteilung: die Einführung einer neuen Software. Natürlich standen bereits weitere wichtige Projekte „Schlange" und wir mussten uns für jeden Tag rechtfertigen, den wir noch an dem Software-Einführungsprojekt arbeiteten. Dann wurde der Druck so groß, dass wir unsere Arbeiten an dem Projekt sofort einstellen sollten. Es war sehr unbefriedigend, das Projekt so liegen zu lassen – ein Abschluss war das nicht. Aber was sollte ich tun?

Wege zur Lösung

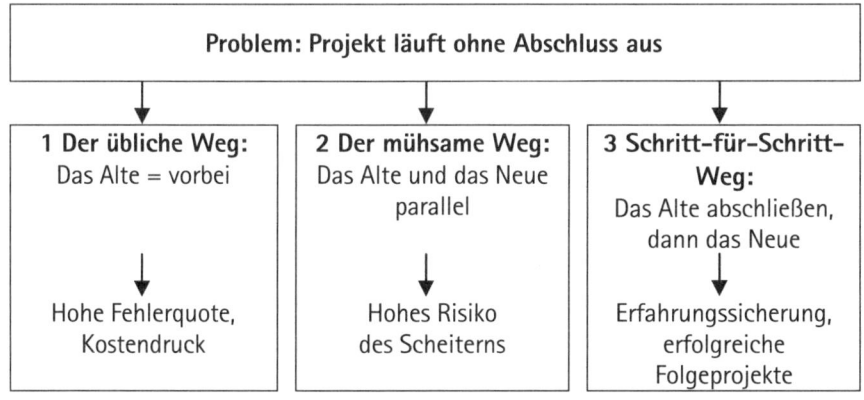

---

1 Der übliche Weg: Das Alte = vorbei

Mal ehrlich: Ein Projekt endet niemals. Es wird immer Teile geben, die noch vervollständigt, verbessert oder erweitert werden müssten. Obwohl das Projektergebnis schon lange seinen Dienst tut, sollen Sie noch weiter daran herumwerkeln? Nein, Sie nicht. Sobald ein Projektergebnis den wesentlichen Anforderungen des Auftraggebers entspricht und funktioniert, ist das Projekt für Sie beendet. Natürlich können Sie dann noch immer viel Arbeit in Nachuntersuchungen und Dokumentationen stecken, aber wen würde das interessieren? Ihren Vorgesetzten würde das sicherlich interessieren. Der würde Ihnen vorwerfen, nicht produktiv zu arbeiten – schließlich warten bereits andere Projekte auf Sie. Für Papiertigerarbeit sind Sie zu teuer. Das sollen andere machen. Und selbst wenn nichts dokumentiert werden sollte: Sie haben alles im Kopf. Für sich selbst müssen und würden Sie ohnehin nichts dokumentieren. Für Sie steht fest, dass Sie nur nach ausdrücklicher und konkreter Anforderung an alten Projekten weiter arbeiten. Ansonsten bedeutet für Sie „alt = vorbei".

Im Falle meines IT-Projekts bedeutet dieser Weg: Ich widme mich den neuen Projekten und schließe die Akte „Software-Einführungsprojekt" ab. Ich öffne sie frühestens wieder, wenn mich jemand danach fragt oder ich aus eigenem Interesse bei Gelegenheit etwas nachschauen will.

VORSICHT BOMBE!

Viele Unternehmen arbeiten mit Projektmanagement-Standards und schreiben mitunter einen Abschlussbericht oder eine Abschlusspräsentation vor. Es könnte für Sie zum Problem werden, wenn man Ihnen später einen Verstoß gegen interne Vorgehensweisen oder Richtlinien vorwerfen könnte.

So entschärfen Sie die Bombe
Sichern Sie sich ab. Klären Sie, was in Ihrem Unternehmen in dieser Situation verlangt wird und reichen Sie die geforderten Unterlagen ein. Besser noch Sie lassen sich von Ihrem Vorgesetzten schriftlich bestätigen, dass er Sie wegen der dringenden Übernahme anderer Projekte von dieser Verpflichtung entbindet.

PRO

Kosten: Jede Stunde, die Sie noch an Ihrem alten Projekt arbeiten, verteuert automatisch das Projekt. Sie stellen die Arbeiten ein, ergo: keine weiteren Kosten.

Karriere: Ihr Vorgesetzter und die Auftraggeber neuer Projekte fordern Sie nachdrücklich auf, von Ihrem alten Projekt abzulassen. Und Sie leisten brav Folge.

 CONTRA

Qualität: Die Qualität Ihres alten Projekts mag für die Erfüllung der Anforderungen ausreichend sein. Aber die Qualität künftiger Projekte wird auf diesem Wege leiden. Wenn in Ihrem Unternehmen alle Projekte so abgeschlossen werden, steht Ihr Unternehmen nicht für Qualität: Die gleichen Fehler werden in künftigen Projekten immer wieder auftreten. Weiterentwicklung geht anders.

Karriere: Ihre Vorgesetzten werden Sie wegen Ihrer Loyalität schätzen und gleichzeitig an Ihnen bemängeln, dass Sie ein schlechtes Wissensmanagement betreiben. Ist das nicht komisch? Zumindest nicht gut für Ihre Karriere.

Fazit: Wann dieser Weg Erfolg verspricht

Dieser Weg ist kurzsichtig. Sie beschäftigen sich über Monate mit einem Thema und verlassen es dann Hals über Kopf. Das ist vergeudete Arbeits- und Lebenserfahrung. Das lohnt sich nur, wenn es wirklich keine andere Möglichkeit gab: dringende Projekte, wichtige neue Auftraggeber, ernste Worte vom Chef.

2 Der mühsame Weg: Das Alte und das Neue parallel

Ihnen ist beides wichtig: Das alte Projekt geordnet abzuschließen und das neue Projekt strukturiert zu beginnen. Für Sie ist das kein „entweder – oder" sondern ein „sowohl als auch". Sie machen alt und neu parallel. Schließlich hat Ihr Arbeitstag viele Stunden. Natürlich darf ein neues Projekt nicht Ihretwegen verzögert werden. Aber Sie streben neben der vollständigen Abarbeitung des alten Projekts auch einen formellen Abschluss an. Dazu gehören

- das Auswerten aller Projektunterlagen,
- das Formulieren der Erfahrungen und Empfehlungen.

Im Klartext: Sie machen zeitweise zwei Projekte. Das eine Projekt beenden Sie, während Sie ein anderes anfangen.

Und so wäre ich bei meinem IT-Projekt auf diesem Weg vorgegangen: Abarbeitung und formeller Abschluss des zu Ende gehenden Projekts und gleichzeitig Zielklärung und Nutzenanalyse (siehe S. 139) für das neue Projekt.

PRO

Termin: Sie wollen den Endtermin des alten Projekts halten und den Start bzw. konsequenterweise auch den Endtermin des neuen Projekts nicht verzögern.

Karriere: Natürlich ist allen Beteiligten bekannt, dass Sie noch ein altes Projekt am Bein haben. Und trotzdem sind Sie bei dem neuen Projekt bereits im Boot. Wie schaffen Sie das bloß? „Toll", werden Ihre Vorgesetzten und Auftraggeber sagen. Und das ist gut für Ihre Karriere.

CONTRA

Qualität: Sie sind überall und nirgendwo. Sie pendeln zwischen zwei Projekten und wissen bald selbst nicht mehr, wo Ihnen der Kopf steht. Das wird sich leider negativ auf die Qualität beider Projekte auswirken.

Karriere: Sie sind ein Arbeitstier und können nicht Nein sagen. Das sind gute Voraussetzungen für die operative Ebene. Aber warum soll man Sie befördern? Ihren Vorgesetzten sind Sie lieb, wo Sie sind, und für höhere Ränge kommen gutmütige Arbeitstiere leider selten in Frage.

Fazit: Wann dieser Weg Erfolg verspricht

Das ist ein Weg, der nur zum Erfolg führen kann, wenn er kurz ist. Jede parallele Arbeit zieht sich in die Länge. Irgendwann werden Sie Ihr altes Projekt zu lange mit sich herum geschleppt haben und Ihr neues Projekt wird darunter leiden. Lange werden Sie das nicht durchhalten. Wenn es aber nur um die Überbrückung von maximal vier Wochen geht, ist dieser Weg eine sinnvolle Option.

3 Schritt-für-Schritt-Weg: Das Alte abschließen, dann das Neue

Ihnen ist beides wichtig: Das alte Projekt geordnet abzuschließen und das neue Projekt strukturiert zu beginnen. Und gerade weil Ihnen beides wichtig ist, machen Sie beides nacheinander: Das Alte abschließen, dann das Neue. Bevor Sie das neue Projekt anfangen, werden Sie das alte Projekt vollständig abarbeiten und formell abschließen. Sie haben jetzt noch Ihr altes Projekt bestens im Kopf und können es mit minimalem Aufwand abschließen, um danach den Rücken für ein neues Projekt frei zu haben. Dabei behandeln Sie folgende Punkte:

- Offizielle Übergabe (siehe S. 198) des Projektergebnisses an den Auftraggeber
- Erstellen einer Schlussrechnung
- Bilden einer Rückstellung für die Gewährleistungsphase
- Interne Übergabe an eine Betreiberinstanz (Service, Hotline)
- Erstellen einer abschließenden Nachkalkulation (siehe S. 198)
- Ermitteln der Kundenzufriedenheit
- Sammeln und verwendbares Dokumentieren der relevanten Erfahrungen
- Erstellen eines Abschlussberichts (siehe S. 199) bzw. einer Abschlusspräsentation
- Offizielles Auflösen der Projektorganisation
- Schließen der Elemente des Projektstrukturplans und der Projektkonten

Im Klartext: Sie nehmen das neue Projekt erst an, wenn das alte Projekt abgeschlossen ist. Natürlich geben Sie dafür einen Termin an, den Sie auch einhalten.

So hätte dann auch der Weg für mein IT-Projekt ausgesehen: Abarbeitung und formeller Abschluss des zu Ende gehenden Projekts und erst danach Zielklärung und Nutzenanalyse (siehe S. 139) für das neue Projekt.

Sie widersetzen sich den Anweisungen Ihres Vorgesetzten und dem Drängen neuer Auftraggeber? Sie haben Mut. Stellen Sie sich auf harte Auseinandersetzungen ein. Sie riskieren schlimmstenfalls arbeitsrechtliche Konsequenzen.

So entschärfen Sie die Bombe
Betreiben Sie Aufklärung. Erläutern Sie von sich aus Ihre Beweggründe und beschreiben Sie die Vorteile Ihres Weges. Wenn Sie auf Nummer sicher gehen wollen, finden Sie in der technischen und in der kaufmännischen Leitung Ihres Unternehmens in der Regel einen angemessenen Paten für Ihr Vorgehen.

PRO

Qualität: Durch Ihr Vorgehen werden bald weniger Fehler in Projekten gemacht. Das wird die Qualität künftiger Projekte spürbar steigern. Auf jeden Fall steigert es die Qualität des Projektmanagement in Ihrem Unternehmen.

Karriere: Ihre Systematik für einen Projektabschluss wird früher oder später zum Standard in Ihrem Unternehmen erhoben. Damit steht Ihr Name für Professionalität im Projektmanagement. Das ist Ihr Startblock für eine schnelle Karriere.

CONTRA

Termin: Nachbereiten und für die Nachwelt gebrauchsgerecht aufbereiten kostet Zeit – Zeit, die Sie für neue Projekte noch nicht zur Verfügung stehen. Auch wenn sich das langfristig lohnen wird, schmerzt es kurzfristig.

Fazit: Wann dieser Weg Erfolg verspricht

Wenn die Auswertung und Erfahrungssicherung von Projekten bei Ihnen zum Standard gehört, dann ist dieser Weg Pflicht für Sie. Doch selbst wenn Sie der erste und einzige Projektleiter Ihres Hauses wären, der diesen Weg geht – Sie werden damit der Prototyp des künftigen Standards. Natürlich sollten Sie dafür in der Lage sein, den Starttermin des neuen Projekts im Sinne einer Verzögerung zu beeinflussen.

Mein Weg: Erst das Alte, dann das Neue – so bin ich vorgegangen

Gerade für den Evergreen der IT-Projekte „Software-Einführung" war eine Nachbetrachtung obligatorisch. Es würde nicht lange dauern, bis ein ähnliches Projekt folgen würde und dafür brauchten wir die Erfahrungen aus diesem Projekt. Ich konnte meinen Vorgesetzten davon überzeugen und vereinbarte drei Wochen für den Abschluss des alten Projekts. Innerhalb dieser Zeit konnten das Projekt an den Auftraggeber und die Key User übergeben und die Restarbeiten abgeschlossen werden. Danach ging es um die Auswertung des Projekts. Zuerst erstellte ich eine Nachkalkulation (siehe S. 198), in der ich die ursprünglichen Plankosten mit den tatsächlichen Ist-Kosten verglich. Dann organisierte ich mit allen wesentlichen Beteiligten einen Lessons Learned Workshop (siehe S. 198). Viele Teammitglieder waren schon lange in anderen Projekten und konnten sich kaum noch an das Projekt erinnern. Dennoch kamen zahlreiche Erfahrungen in Form von Erkenntnissen, Hinweisen und Empfehlungen zustande. Diese Erfahrungen wurden aufbereitet und an die Leiter der entsprechenden Stellen adressiert. Danach erstellte ich aus meiner Sicht einen Abschlussbericht (siehe S. 199), in dem alle relevanten Auswertungen, Erfahrungen und Erkenntnisse zum Tragen kamen. Diesen Bericht stellte ich dem Lenkungskreis vor, der das Projekt offiziell als beendet erklärte.

 KLARTEXT: ERGEBNISSE UND ERFAHRUNGEN SICHERN

1 Geben Sie Ihrem Projekt einen strukturierten Abschluss: Übergabe, Schlussrechnung, Auflösen des Teams, Sperren der Konten.

2 Tue Gutes und berichte darüber. In einer Abschlusspräsentation vor dem Lenkungskreis können Sie nachträglich Projektmarketing betreiben.

3 Füllen Sie Ihren Erfahrungsschatz: Jedes Projekt birgt zahlreiche Erfahrungen und Erkenntnisse, lassen Sie diese nicht in den Fluten versinken.

4 Viele Unternehmen haben nie die Zeit, Dinge richtig zu tun, aber stets die Zeit, Dinge mehrmals zu tun. Werden Sie nicht Teil dieses Mechanismus.

Diese Tools brauchen Sie

Tool	Beschreibung, Stärken/Schwächen	Aufwand Nutzen
Übergabe	Methode zum Fixieren des Projektendes. Standard im Projektmanagement. Häufig kontrovers in der Auslegung.	• ★★★★★
Nachkalkulation	Methode zur retrospektiven Betrachtung der Kosten. Standard im Projektmanagement. Einfache Handhabung.	•• ★★★★★
Lessons Learned Workshop	Methode zur Sammlung der Erfahrungen der Projektbeteiligten. Strukturiert und effizient. Bedarf harter Überzeugungsarbeit für Akzeptanz bei Beteiligten.	••• ★★★★★
List of Open Points (LOP)	Format für das Führen offener Punkte und Aufgaben. Einfach und bewährt in der Handhabung. Muss zentral verwaltet werden.	••• ★★★★★
Abschlussbericht 🔘	Format einer Gesamtbeurteilung durch den Projektleiter. Kompakte Form der wichtigsten Inhalte. Erfordert Disziplin in der Praxis.	•• ★★★★

Die mit dem Icon 🔘 gekennzeichneten Tools können Sie im Internet unter www.projektmagazin.de/klartext abrufen.

Die besten Tools – wie Sie funktionieren

Übergabe

Formeller Akt der Übergabe des Projektergebnisses vom Projektleiter an den Auftraggeber. Wird grundsätzlich als Meilenstein gehandhabt, zu dem der Projektleiter die Erfüllung der vom Auftraggeber geforderten Merkmale nachweist, oder in einer vorherigen Periode (Probebetrieb) bereits nachgewiesen hat. Die Ergebnisse werden in einem Übergabeprotokoll und, soweit erforderlich, in einer Liste offener Punkte festgehalten und unterschrieben. Die Übergabe bedeutet zusätzlich den Gefahrenübergang des Projektergebnisses vom Projektleiter auf den Auftraggeber. Ab hier muss der Auftraggeber die Gefahren versichern. Die Übergabe wird (bei Investitionsprojekten) mit dem PAC (Preliminary Acceptance Certificate) bestätigt und kennzeichnet den Beginn der Garantiephase.

Nachkalkulation

Nach Beendigung aller Arbeiten wird der Kostenplan in Bezug auf Veränderung der Positionen und in Bezug auf einen Plan/Ist-Vergleich überarbeitet. Die Nachkalkulation hat den gleichen Aufbau, wie die während der Projektverfolgung mitlaufende Projektkalkulation (MIKA). Ziel der Nachkalkulation ist es, die Planungsgenauigkeit zu untersuchen und Ursachen für Abweichungen zu finden. Auf Basis der Nachkalkulation können Kennwerte für künftige Projekte gebildet werden.

Lessons Learned Workshop

Ein Lessons Learned Workshop ist ein Treffen mit allen wesentlichen Projektteam-Mitgliedern. In offener Atmosphäre und unterstützt durch einen projektfremden Moderator werden die während der Projektbearbeitung gemachten positiven und negativen Erfahrungen zusammengetragen. Diese können sich zum Beispiel auf folgende Themenbereiche beziehen: inhaltliche Qualität des Projektgegenstands, Führung und Zusammenarbeit, Verhältnis zu Auftraggeber/Kunde, Lieferanten, Dokumentation, Ressourcen.

List of Open Points (LOP)

Die Liste offener Punkte fasst alle Aufgaben und Besprechungspunkte zusammen, deren Abarbeitung oder Berücksichtigung für das Projekt relevant ist. Die LOP kann während der Projektlaufzeit als zentrale Unterlage geführt werden oder die im Zuge der Übergabe an den Kunden erkannten Mängelpunkte zusammenfassen.

Abschlussbericht ⊡

Ein Abschlussbericht ist eine schriftliche Zusammenfassung des gesamten Projekts unter Berücksichtigung aller Analysen und Erkenntnisse. Der Projektleiter erstellt den Abschlussbericht gemäß einer unternehmensinternen Vorlage und verteilt den Bericht an den Lenkungskreis. Mögliche Inhalte des Abschlussberichts sind:

- Ausgangssituation, Problem, Ziel
- Beteiligte Personen (Auftraggeber, Projektleiter, Projektteam)
- Grobe Beschreibung des zeitlichen Projektverlaufs
- Soll/Ist-Vergleiche (Termine, Kosten, Ressourcen, Qualität, Risiken)
- Feedback der Nutzer
- Inhaltliche Beurteilung des Projektergebnisses
- Hinweise zur Weiterverfolgung, Optimierung
- Lessons Learned und Empfehlungen für andere Projekte

5

Stichwortverzeichnis

Projekt magazin

Das Projekt Magazin ist das führende Fachportal für erfolgreiches Projektmanagement. Wir unterstützen Sie in allen Phasen Ihrer Projektarbeit und dabei, dass Sie Ihr Ziel nie aus den Augen verlieren: den erfolgreichen Projektabschluss.

Bei uns schreiben Experten aus der Praxis – Sie profitieren unmittelbar vom Wissen renommierter Fachautoren.

www.projektmagazin.de
Hier finden Sie alles, was Sie für Ihren Projektalltag brauchen:

- über 850 Fachartikel und Tipps
- über 230 Arbeitshilfen, wie Checklisten und Vorlagen
- über 30 unabhängige Software-Besprechungen
- das umfangreichste Glossar mit über 900 PM-Fachbegriffen
- 24 Online-Ausgaben und 12 Spotlight-Themenspecials im Jahr

Das Projekt Magazin: Online. Aktuell. Immer für Sie da.